国家出版基金项目
NATIONAL PUBLICATION FOUNDATION

陕西出版资金资助项目

"十三五"国家重点图书出版规划项目

中国汉画大图典

第六卷　建筑藻饰

主　编　顾　森

西北大学出版社

·西安·

图书在版编目（CIP）数据

建筑藻饰／顾森主编 . —西安：西北大学出版社，
2022.2

（中国汉画大图典／顾森主编）

ISBN 978-7-5604-4731-5

Ⅰ．①建… Ⅱ．①顾… Ⅲ．①古建筑—建筑装饰—装
饰图案—中国—汉代 Ⅳ．①TU-092.2

中国版本图书馆 CIP 数据核字（2021）第 069892 号

责任编辑　张　立
装帧设计　泽　海

中国汉画大图典
ZHONGGUO HANHUA DA TUDIAN
主　编　顾　森

建筑藻饰
JIANZHU ZAOSHI
主　编　顾　森
出版发行　西北大学出版社
（西北大学校内　邮编：710069　电话：029-88302621 88303593）
http://nwupress.nwu.edu.cn　E-mail: xdpress@nwu.edu.cn

经　　销	全国新华书店
印　　装	北京雅昌艺术印刷有限公司
开　　本	787毫米×1092毫米　1/16
印　　张	27.75

版　　次	2022年2月第1版
印　　次	2022年2月第1次印刷
字　　数	210千字

书　　号	ISBN 978-7-5604-4731-5
定　　价	370.00元

本版图书如有印装质量问题，请拨打电话029-88302966予以调换。

编者的话

一、图典的结构

《中国汉画大图典》本质上是一套字典，不过是以图为字，用图像来解读先秦及汉代的社会和文化。本图典共七卷，一至六卷是黑白的，第七卷（上下册）是彩色的，共收有约 13000 个图像单元。根据现有图像的实际情况，以"人物故事""舞乐百业""车马乘骑""仙人神祇""动物灵异""建筑藻饰"几大门类来梳理和归纳，以期体现本图典这种形象的百科全书的特性。图像之外，文字部分主要有总序、各册目录、门类述要、专题文章、参考文献、后记等。

二、读者对象

本图典具有雅俗共赏的特色。其图像形象，能够为幼儿及以上者所识读；其文化内涵，能够为中学文化程度及以上者所理解；其图像、内容及其延展，则于文化学者、学术研究者和艺术创作者均大有裨益。

三、图像的来源和质量

本图典的黑白图像主要来源于画像石、画像砖、铜镜、瓦当、肖形印等五类器物的拓片。这些图像主要来自原拓，也有相当数量的图像来自出版物，极少量的图像来自处理过的实物摄影。

画像石是直接镌刻于石面上的，由于种种原因，如石质、镌刻工具、镌刻技艺等的不同，即使来自同一粉本，也不会出现完全雷同的图像，所以不同石面的拓片都具有"唯一"的特色，区别仅在于传拓水平高低带来的拓片精粗之分。画像砖、铜镜、瓦当、肖形印这几类，均是翻模、压模后埏烧或浇铸而成，雷同之物甚多。故在画像砖、铜镜、瓦当、肖形印中，出土地不同或时间早晚不同而拓片图像雷同之现象颇为常见，区别也仅在于传拓水平的高低带来的拓片精粗之分。画像石、画像砖、铜镜、瓦当、肖形印的拓片图像质量除了上述区别外，其共同之处就是，经过岁月的淘洗，一来画面的完整与残缺不尽相同，二来留存的图像本身的信息多寡不尽相同。

本图典的彩绘图像指壁绘、帛绘、漆绘、器绘（石、陶、铜、木）等，主要来自实物拍摄和出版物。今天所见的这些彩绘图像均来自地下墓葬，是汉代人留下的画绘实物，也是我们今天能看到的汉代人的画绘原作。因是附着于各类物体的表面，在地下环境中经历了几千年，仅有极少量（如少量漆绘作品）还能保留原初形象，其余大量只能用"残留"二字来形容。其质量的评定与画像石相似。但色彩保存的程度和绘制技法的特色，是彩绘图像特别重要的质量标准。

四、图像的选用

赏心悦目的画面，总是为受众所喜爱。本图典选用图像的标准，毫无疑问是质量好、保存原有信息量多。在这一总的原则下，对以下几类图像做灵活处理。

1. 有学术价值者。即能说明某一社会内容或某一文化现象的稀有图像，因其稀缺，故质量不好也选用。

2. 有研究价值者。即保留了不同时期信息或不同内容信息的图像，即使重复，只要多一点信息也选用。

3. 有应用价值者。即于研究、创作有参考或启发作用的图像，即使有残缺或漫漶也选用。

4. 有重要说明作用者。例如同一图像出现在不同时期或不同地区，很好地印证了某一图像的分布时段或地域，这种图像无论好坏多寡均选用。

五、图像的识别原则

图像的识别主要有以下两个原则。

1. 择善从之。经中外历代学者的努力，汉画图像的识别已有相当的学术积淀。择善从之主要表现在两个方面：一是选择有依据者，即有汉代文字题记或三国以前的文献记载者；二是"从众"，即接受学术界认同的或业界共同认知的。

2. 抛砖引玉。即对某些尚有争议或尚需进一步证明的认知，编者依据自己的学术判断来选用。这主要集中在本图典一些图像的内容、名称的判断上和一些门类的设立上。抛砖引玉就是不藏拙、不避短，将自己不成熟、不完善的认知作为学术靶子让同仁批评，最后求得学术和事业的发展。这样做于己于众均是好事。中国汉画中有太多至今让人不得其义的图像，只有经过学术的有的放矢的争辩，才能使真理越辩越明，最后达到精准识别之目的。

六、关于《丹青笔墨》卷

《丹青笔墨》卷为本图典的特辑，即其编写体例独特，与前几卷不完全相同。其原因一是时间紧迫，来不及收集更多资料，只就手中现有资料进行编写，以应目前此类出版物稀缺之急。二是仅仅一卷两册的篇幅，远远不能反映出汉代画绘应有的面貌（至少要编成六卷，才基本可以达到一定的量，才能较好地分类）。三是该卷中许多图像来自出版物，质量差强人意，只能勉强用之。即使如此，该卷也是目前将汉代画绘材料解析得最清楚、最详尽者。当然，其中也有不少地方分类不清晰，定位不精准。这些不足体现了编者目前的认知水平，也多少反映了今天学术界、考古界认知的基本情况。更深的认识，有待于今后的学习，以及考古发掘和研究成果的出现。

毕善其事是我们的初衷，但鉴于时间、条件、能力等方面的限制，不能尽善，材料的遗漏不可避免，甚至"网漏吞舟之鱼"也并非不可能。这些遗憾，我们会在今后的修订版中弥补。即使如此，我们还是深信这套大图典的出版会给读者或使用者带来一些惊喜和满足。首部《英语大词典》的编撰者，18世纪英国诗人、作家塞缪尔·约翰逊有一句妙语："词典就像手表，最差的也比没有好，而最好的又不见得就解释对了。"对一个词典的编者来说，这句话不能再好地表达他的全部感触了。

序　言

一

　　汉画是中国两汉时期的艺术，其所涵盖的内容主要是两部分：画绘（壁绘、帛绘、漆绘、色油画、各种器绘等），画像砖、画像石、铜镜、瓦当等雕塑作品及其拓片。

　　汉画反映的是中国前期的历史，时间跨度从远古直至两汉，地域覆盖从华夏故土辐射到周边四夷、域外多国。两汉文化是佛教刚传入中国但还未全面影响中国以前的文化，即两汉文化是集中华固有文化之大成者。汉画内容庞杂，记录丰富，特别是其中那些描绘神话传说、历史故事、生产活动、仕宦家居、社风民俗等内容的画面，所涉形象繁多而生动，被今天许多学者视为一部形象的记录先秦文化和秦汉社会的百科全书。作为对中华固有文化的寻根，汉画研究是一种直捷的方式和可靠的形式。正因为如此，汉画不仅吸引了文物考古界、艺术界，也吸引了历史、哲学、宗教、民俗、民族、天文、冶金、建筑、酿造、纺织等学科和专业的注意。

　　汉画的艺术表现，是汉代社会的开拓性、进取心在艺术上的一种反映，是强盛的汉帝国丰富的文化财产的一部分。汉画艺术不是纤弱的艺术，正如鲁迅所说，是"深沉雄大"的；汉画的画面充满了力量感，充满了运动感。汉画艺术并非形式单一，而是手法多样，形态各异。汉画中的画像砖、画像石、铜镜、瓦当等，不仅有线雕、浮雕、透雕和圆雕作品，还有许多绘塑结合、绘刻结合的作品；汉画中的画绘如壁绘、帛绘、漆绘、陶绘等，不仅包含各种线的使用方法，还有以色为主、以墨为主，甚至用植物油调制颜料直接图绘的方法和例子。汉画不是拘泥于某一种表现样式的艺术，在汉画里，既有许多写实性强的作品，更有许多夸张变形、生动洗练的作品。汉画继承了前代艺术的传统，并使之发扬光大，以其成熟、丰富的形式影响后代。看汉画，可以从中看到中国艺术传统的来龙去脉。如画像砖、画像石、铜镜、瓦当等雕塑作品，从中既能看到原始人在石、骨、玉、陶、泥上雕镌塑作的影子，也能看到商周青铜器上那些纹饰块面的制作手段。汉以后一些盛极一时的雕塑形式中，许多地方就直接沿用了汉代画像砖、画像石、铜镜、瓦当中的技法。看汉画，也能使人精神振奋，让人产生一种对博大精深的中华文化的自豪感。若论什么是具有中国风貌和泱泱大国气派的美术作品，汉画可以给出确切的答复。事实上，在今天的美术创作和美术设计中，汉画中的形象、汉画的表现手法随处可见。

二

关于汉代美术的独特地位，唐代张彦远《历代名画记》明确说及："图画之妙，爰自秦汉，可得而记。降于魏晋，代不乏贤。"郑午昌《中国画学全史》对此做了进一步的说明："中国明确之画史，实始于汉。盖汉以前之历史，尚不免有一部分之传疑；入汉而关于图画之记录，翔实可征者较多云。"这些议论都是关于绘画的，特别是指画家而言。但仅这一点，即汉代有了以明确的画家身份出现在社会中的人，就喻示了汉代绘画已摆脱了绘器、绘物这种附属或工匠状态。当然，汉代美术的独特地位不仅仅是指绘画的"可得而记"，而应包括美术各个门类的"可得而记"。汉代以前，美术处于艺术特性与实用特性混交的状态，汉代结束了自原始社会以来的这种美术附属于工艺的混交状态，包括工艺美术自身在内的许多独立的艺术门类，如绘画、雕塑、书法、建筑以及书论等等，都以一种不同于别的美术品类的形式出现。而一种独立的美术品类的出现，必然内含了其特殊的创作规律和表现形式，以及相当数量的作品等。正因为如此，我们便可以在这个基础上对汉代美术进行逐门逐科的研究。汉代美术的独特性，也就被这些越来越深入的研究所证明。

汉代美术并不是一道闪电，仅在一瞬间照亮天地，光明就随之消失。刚好相反，汉代美术一直光被后世，影响深远。汉代是中国美术发展史上的一个重要环节，它不仅对原始社会以来的美术从观念到技法进行了一次清理和总结，而且在继承的基础上给予了发展。正如汉代在中国社会的发展史上是一个重要的转折时期，汉代在中国美术的发展史上也是一个重要的转折时期。就画绘而言，且不论已有的各种笔法，只就汉武帝创"秘阁"，开皇家收藏先例，汉明帝置尚方画工、立"鸿都学"为画院之滥觞，蔡邕"三美"（赞文、书法、画技）已具中国画"诗、书、画"三元素而论，就能使人强烈地感受到汉代美术开了一代新风。

三

汉代曾有一大批专业画家和仕人画家，绘制了大量作品，或藏于内宫，或显扬于世间。可惜的是，两汉四百余年皇家的收藏和专业画家的作品均毁于兵燹，至唐时，已如吉光片羽，极为罕见。今天我们看到的汉代画绘实物基本上出自墓葬，因此我们今天所说的汉画，不是一般意义上的艺术，而是陵墓艺术。由此可得出汉画有别于其他艺术的两大特点：一是反映丧葬观念，二是反映流行于世的思想。

汉代人的丧葬观念，简而言之就是建立在极乐升仙和魂归黄泉思想基础上的"鬼犹求食""事死如事生"的信念，即是说对待死人如对待活人一般，让死人在神仙世界或黄泉世界得到在人世间已得到或未得到的一切。汉代流行于世的思想主要有祖先崇拜、天人之际、阴阳五行、今文经学、谶纬之学、建功立业、忠义孝行等等。除了衣食住行之需外，流行思想也普遍地出现在汉代墓葬中。汉墓中能体现丧葬观念和流行思想的，即我们通常所说的祭祀和血食两大内容。祭祀和血食在帝王陵中体现为在陵上修建陵庙（放置有祭祀用品，壁间满绘祭祀内容的图画）和陵寝（备有一切生活用品和奴仆的楼阁），在有地位的贵族的墓冢中则以修造墓祠来体现。汉代的陵庙、陵寝和绝大多数墓祠为木构建筑，早已荡然无存，至今只有极少的石质墓祠保留下来。祭祀和血食这两大内容便可从这些实物中得到证明。如现存较完整的山东长清孝堂山郭巨石祠，祠中满布石刻浮雕，画像内容主要为神话传说、历史故事和生活场景，即祭祀和血食两大部分。从目前发现的画像石墓来看，墓主人的官秩没有超过二千石的，都是中等财力或中等财力以下者，估计是因社会地位不高或财力不足而不能立墓祠。但墓主人又深受当时社会墓葬习俗的影响，出于对祭祀内容与生活内容的迫切需要，只好在墓内有限的地方用简略而明确的方式来表达这一愿望，即将祠庙的图绘部分直接搬来，又将陵寝的实物部分搬来，并表现为图绘形式。从现在的汉画出土情况来看，这些东西不能看成汉代艺术的上乘之作，只能看作民间艺术，或者是来源于专业画家粉本的非专业画家的作品。因此，汉画中反映的内容和题材，有很大一部分是流行于民间的思想，不能尽用史书典籍去套。如青龙、白虎、朱雀、玄武本是守东、西、南、北四方的天神，它们的图像多被视为代表某一方位。但在汉画中，它们不一定表示方位。汉代吉语中所谓的"左龙右虎辟不羊（祥）""朱雀玄武顺阴阳"，可能才是图绘它们的真正含义。许多墓葬中青龙、白虎、朱雀、玄武的位置也说明了这一点。

四

从保存现状来看，汉画里雕刻类作品总体上比画绘类作品保留得完整，在数量上也大大超过了它们。因此在汉画的研究或使用中，总是以画像砖、画像石等为主。今天所说的汉画，在相当大的范围内指的是画像砖、画像石。

画像砖几乎遍及全国各地，其主要分布在陕西、河南、川渝地区（四川、重庆）。画像砖艺术是许多图样的源头，体现在陕西画像砖里；其发展中的重要转折，体现在河南画像砖中；而其集大成者，则体现在川渝画像砖上。中国古代的许多图样往往起于宫中，再流入民间，继而风行天下。陕西秦汉宫室和帝王陵墓中画像砖上的许多图样，也是两汉画像砖上许多图样的最早模式。河南画像砖中，以洛阳画像砖为代表的粗犷、豪爽风格和以新野画像砖为代表的精美、劲健风格，给人的艺术感受最为强烈。川渝画像砖以分布地域广、制作时间成系列、反映社会内容丰富、艺术手法生动多样为特色。

画像砖不因材质的不同而形成各地区的不同风格和特征，而是出现了由尺寸及形状不同而产生的不同的画面处理。这些画面处理为后代积累了许多艺术创作原理方面的经验和相应的技法。如秦、西汉大空心砖，一砖一图或一砖多图，或以多块印模反复印制同类图形后再组合成一个大的画面。河南南阳和川渝地区的方砖、条砖则因尺寸小而主要是一砖只表现一个主题或情节。在这些画像砖上，尤其是川渝地区的画像砖上，线雕与浮雕更精细，构思更巧妙，阴线、阳线、浅浮雕、中浮雕的运用和配合更熟练，更有变化。正如汉瓦当圆形内是成功的、饱满的构图一样，川渝地区在不同尺寸的方砖、条砖乃至砖棱上，都能巧妙地创作出主题明确而又生动的画面。在画面的多种构思上，川渝画像砖成就尤为突出。

画像石分布在山东、河南、四川、重庆、江苏、陕西、山西、安徽、湖北、浙江、云南、北京、天津、青海等十余个省市。其中以山东、河南南阳、川渝地区、陕西榆林（陕北）、江苏徐州五个区域密度最大，数量最多。

山东是升仙思想的发端地之一，多方士神仙家。山东又是儒家的大本营，先后出了孔子、孟子、伏生、郑玄等在儒学发展史上开宗立派、承上启下、集时代之大成者，还有以明经位至丞相的邹人韦贤、韦玄成父子。山东画像石多经史故事和习经内容，也多西王母等神仙灵异内容，正是汉时山东崇儒求仙之风的生动写照。山东画像石多使用质坚而细的青石，雕镌时以凝练而精细的手法进行多层镌刻，雕刻技法多样，高浮雕、中浮雕、浅浮雕、透雕都能应用得恰到好处。山东画像石以数量多、内容丰富、可信年代者延续有序、画面精美复杂、构图绵密细微为世所重。

《后汉书·刘隆传》曰："河南（洛阳）帝城多近臣，南阳帝乡多近亲。"说明河南南阳在东汉时期是皇亲国戚勋臣的会集之地，也是皇家势力所控制的地区，崇奢者竞富，势在必然。光武帝刘秀起兵南阳得天下后，颁纬书于天下，《白虎通德论》又将谶纬思想融入钦定的儒家信条中。这种以天象、征兆来了解天意神谕，以荒诞的传说来引出结论的思想，弥漫天下。我们今天看到的南阳画像石，多天象、神异和男女侍者等内容，对东汉时帝王、权贵的生活和思想，尽管不是直接反映，但起码也是当时南阳世风的反映。南阳画像石多使用质坚而脆的石灰石，雕镌时使用了洗练、粗犷的手法，主题突出，形象鲜明。画像造型上，南阳画像石上的人物除武士外，一般都较典雅、沉稳、恭谨；动物和灵异因使用了夸张变形的表现手法而显得生动活泼、多姿多态，颇有呼之欲出之势。

川渝地区，从战国到秦汉，一直被当时的政权作为经济基地来开发。秦时都江堰水利工程的建成，更使蜀地经济实力得到增强。正因为有了这个殷实的经济后方，不仅"汉之兴自蜀汉"（《史记·六国年表》），秦得天下也是"由得蜀故也"（《蜀鉴》）。

画像砖、画像石的生产、交换题材，集中出现在川渝地区，如"市井""东门市""采盐""酿酒""采桑""借贷""交租""收获""采莲""捕鱼""放筏""播种""贩酒"等，既反映了汉时川渝地区蓬勃发展的经济，也反映了川渝地区在秦汉两代是经济后方的事实。川渝画像石对汉代俗文化的反映是很典型的，举凡长歌舞乐、宴饮家居、夫妻亲昵等多有所表现。川渝画像石多使用质软而粗的砂石，雕镌时注重体量，浮雕往往很高，风格粗放生动，尤其以彭山江口崖墓富于雕塑语言表达的高浮雕、乐山麻浩崖墓画面宏大的中浮雕等崖墓石雕，以及一些石阙、石棺浮雕最有代表性。

陕北画像石的内容，较少出现别的地区常有的历史故事，也未见捕鱼、纺织等题材，而是较多反映了边地生活中的军事、牧耕、商业等内容，以及流行于汉代社会的神仙祥瑞思想。这正反映了陕北在出现画像石的东汉初中期，商人、地主、军吏成为此地主要的富有者和有权势者。陕北画像石生动地反映了这些文化素养不高又满脑子流行思想（升仙、祥瑞）的人的追求。陕北画像石使用硬而分层的页岩（沉积岩），不宜做多层镌刻，图像呈剪影式，再辅以色彩来丰富细节。在形象的处理上，不追求琐碎的细节；在处理各种曲线、细线和一些小的形象时，多采用类似今天剪纸中"连"的手法，一个形象与一个形象相互连接，既保证了石面构架的完整，又使画面显得生动丰富。平面浅浮雕基本上是陕北画像石采用的唯一一种表现手法，因此陕北画像石是将一种艺术形式发挥得淋漓尽致的典型例子。华美与简朴、纤丽与苍劲、流畅与涩拙，都由这一手法所出，表现得非常成功。一般来说，反映农耕牧业等生产内容的画面，往往都刻得粗犷、简练；反映狩猎、出行等官宦内容的画面，往往都刻得生动、活泼；反映西王母、东王公、羽人、神人、神兽等神仙祥瑞的画面，往往都刻得细腻繁复，尤其是穿插其间的云气纹、卷草纹等装饰纹样，委婉回转，飞动流畅，极富曲线之美。在辅之以阴线刻、线绘（墨线与色彩线）、彩绘（青、白、绿、黑等）这些艺术手段后，完整的汉代画像石墓往往表现出富丽华贵之气。从总体上看，极重装饰美这一点，在陕北画像石中表现得最为突出。

徐州在汉代是楚王封地，经济发达，实力雄厚。20 世纪 50 年代以来，先后发掘的几座楚王墓，都是凿山为陵、规模宏大的工程，真可雄视其他王侯墓。这种气度和风范在画像石中，主要体现为对建筑物的表现和巨大画面的制作。这些建筑多是场面大、组合复杂、人物众多的亭台楼阁、连屋广厦，均被表现得参差错落、气势非凡。加上坐谈、行走、宴饮于其中的人物，穿插、活动于其中的动物和神异之物，既使画面生动有致、热闹非凡，也真实地反映了汉代徐州地区的富庶和权贵们生活的奢侈。徐州画像石与南阳画像石一样，多用质坚而脆的石灰石；不同的是，徐州画像石中有一些面积较大的石面，雕镌出丰富庞杂的画面。这种画面中，既有建筑，也有宴饮，还有车马出行、舞乐百戏等宏大场面。在这些大画面的平面构成上，人物、动物、灵异、建筑、藻饰等的安排密而不塞，疏而不空，繁杂而有秩序层次，宏大而有主从揖让。

无论是画像砖还是画像石，最后一道工序都应是上色和彩绘。细节和局部，正依赖于这一工序。一些砖、石上残留的色彩说明了这个事实。如陕北榆林画像石上有红、绿、白诸色残留，四川成都羊子山画像石上有红、黄、白诸色残留，河南南阳赵寨画像石上有多种色彩残留，等等。精美而富于感情的"文"，是今天借以判断这些砖、石审美情趣的依据，可惜已失去了。今天能看到的画像砖、石，大都是无色的，仅仅是原物的"素胎"和"质"，即砖、石的本色。岁月的销蚀，使这些砖、石从成品又回到半成品的状态。用半成品来断定当时的艺术水准并不可靠，仅从"质"出发对汉代艺术下判断也往往失之偏颇。半成品用来欣赏，给观众留下了足够的余地，给观念的艺术思维腾出了广为驰骋的天地。观众可用今天的审美观、今天对艺术的理解和鉴赏习惯，运用自己丰富的想象力，去参与这种极为自由的艺术创作，去完成那些空余的、剩下的部分。引而不发的艺术品，更能使人神思飞扬。这也是今天对画像砖、画像石的艺术性评价甚高的原因。汉画像的魅力就在于此。

画像砖、画像石作为一种特殊的艺术品，所依托的是秦汉的丧葬观念。秦汉王朝的兴衰史，也是画像砖、画像石艺术从发达到式微的过程。从这个意义上讲，画像砖、画像石艺术是属于特定时代的艺术。但是，画像砖、画像石所积累下的对砖、石这两种材料的各种应用经验，积累下来的在砖、石上进行创造的法则和原理，则通过制作画像砖、画像石的工匠们口手相传，流入后代历史的江河中。且不论汉以后的墓葬艺术中还随时可看到汉画像的影子，就是在佛教艺术开龛造窟的巨大营造工程中，在具体处理各种艺术形象时，也处处可见汉画像的创作原理和技法的运用。画像砖、画像石艺术是汉代人用以追求永恒的一种形式，但真正得以永恒的并不是人，而是画像砖、画像石艺术自身。

五

所谓画像，就其本义来说是指拓片上的图像，即平面上的画，而不是指原砖、原石。中国对汉代这些原砖、原石的研究，几百年来基本上是根据拓片来开展的。而且，用拓片做图像学式的研究还主要是近一百年的事。

画像砖、画像石多为浮雕，本属三维空间艺术。拓片则是二维空间艺术。以二维空间艺术（拓片的画面）对三维空间艺术进行研究，即对画像砖和画像石的布局、结构、气韵、情趣等方面进行研究，是中国特有的一种研究方法。从今天的角度或今天所具有的条件来看，应赋予古人的这种方法以新的含义，即拓片的研究应是综合性的。这种综合性是随画像砖、画像石本身的特点而来的。例如画像石的制作，起码有起稿上石、镌刻、彩绘、拓印这四个环节。每一个环节都是一次创作或再创作，如起稿上石所体现的线的运动和笔意，镌刻所体现的刀法和肌理，彩绘所体现的随类赋彩和气韵，拓印所体现的金石味、墨透纸背的力量感和石头的拙重感，等等。这四个环节是从平面到立体，又从立体回到平面，这种交替创作发人深省。拓片的出现最初肯定是以方便为动机，后来拓片就成了艺术的一种形式而被接受，这正体现了中国传统美学对艺术朦胧、得神、重情的一种要求。

拓片是我国特有的艺术工艺传拓的作品。汉画拓片，主要指汉代画像砖、画像石的拓片。这些拓片不是原砖塑、原石刻的机械、刻板的复制品，而是一种艺术的再创作。好的拓片不仅能将雕镌塑作的三维作品忠实地转换成二维图形，而且能通过传拓中所采用的特殊方法，在纸面上形成某些特殊的肌理或凹凸，使转换成的二维图形具有浓浓的金石韵味。拓片实质上是一种特殊的艺术品。正如所有的艺术品都有高低优劣之分，拓片也有工拙精粗之分。拓印粗拙的所谓拓片，既没有忠实记录下原砖、石上的图像信息，也没有很好地传达出原砖、石上特有的艺术韵味。这种所谓的拓片，就像聚焦模糊的照片，看似有物，实则空无一物，是废纸一张。而好的拓片历来被学者和艺术家所看重，而且往往成为他们做出一些重要学术判断的依据或提高艺术表现的借鉴。许多艺术家就是根据好的拓片创作出一些精彩作品的。

今天，汉代墓室画绘，汉画像砖、画像石的原砖、原石及其拓片，铜镜、瓦当及其拓片等汉代图像资料，被广泛地应用于多学科的研究和各类艺术创作实践中。古老的汉画，因其新的作用和特有的魅力，实现了自身的蜕变和升华，成为我们新时代文化构成的重要部分。

顾　森

2021 年 12 月 15 日

目　录

建筑藻饰述要

一、建筑

秦并天下，写放六国宫室置之咸阳北阪。汉践国祚，京师州郡多广厦连城。秦汉建筑综今汇古，蔚然大观，不仅在技术和营造上超越了前人，功能上也由往昔的遮风、避雨、御兽、却敌，进而加入对尊天、礼神、求仙、宣威、娱情的追求；建筑也从居室的象征上升为宗教、权力、业绩、财富的象征。秦汉建筑是中国建筑史上第一座高峰。虽然秦汉地面建筑实物几乎已毁灭殆尽，但秦汉时期所形成的、体现东方文化内容的中国土木建筑体系，却一直为后代所仿效、发展和完善。它所体现的建筑思想和创作手法在后来两千多年的建筑活动中一直起到至关重要的作用，并深藏在中华民族的思想意识之中。中国自秦汉以后，多次受到外来文化程度不等的冲击，但中国建筑体系始终以其成熟性和特有的泱泱大国之风独立于世界建筑之林。这个坚实的基础，正是秦汉建筑打下的。

留存至今的汉代建筑实物，主要是石质墓阙、庙阙和残留的部分长城、烽燧等，还有就是大量的建筑明器。真正能反映其辉煌形象的，只存在于文献中那些对宫室、苑囿等皇家建筑的记载里。而今天能在汉画里大量看到的建筑形式阙和住宅（民居），仅仅是汉代建筑的一部分而已。即使如此，仍能使我们从中深深地感受到恢宏的汉家气度。

1. 阙

阙作为特殊的建筑类型，点缀于建筑群体前列，虽形体简单，但包括了中国建筑的所有内容，是中国建筑的一种缩影。它是建筑群体的第一个高潮，使人在看到建筑之初，就受到一种影响甚至震撼，有效地烘托了建筑气氛。把阙视为建筑环境的序章是最为恰当的。

阙的功用主要有三种：其一是表示门的存在；其二是表示主人的身份地位；其三是用作皇帝发号施令、赏罚功过、群臣奏事报功之地。

阙从商周兴起，到汉代达到高峰。先秦时期的阙，以其高耸的形式而易于登临和眺望，具有一种安全因素和防御的目的。到了秦汉时期，它有了更多的功用，尤其是汉阙，深入到汉代人生活的方方面面，而成为汉代建筑一种当然的代表。

汉阙形象富于变化，款式多样。从单体构成上看，阙可细分成独立式和组合式两类。独立式即主阙孤立；组合式，或叫子母阙、二出阙，即在主阙旁边贴附小阙，或在主阙外侧附一座子阙。组合式还有三出阙，为皇帝专用，至今无考古实例。由于汉代建筑的总体布势以水平铺陈为主，不少阙同楼阁一起以细高的体态表现出向上的动势，打破平静中的压抑，迸发出一种升腾而起的激情。

汉阙按应用场合可大致分成宫苑阙、城阙、墓阙、宅阙、祠庙阙及纯象征性的阙等几类。在汉画中看到的，主要是宅阙、墓阙。其中的墓阙又越出了一般观念上的阙，而有更深一层的含义。除了表示墓主人的身份外，墓阙最本质的内容是一种标志，即通常在墓阙上镌刻的表明为某人的"神道"的入口。更确切地说，墓阙就是如湖南长沙马王堆1号汉墓非衣帛画上所画的和四川简阳鬼头山汉墓石棺画像上榜题所说的"天门"，即亡灵上天或进入仙界的入口。

2. 住宅

在中国的建筑体系里，住宅是一切建筑的原型。虽然以民居为特点的住宅在规模和质量上远不如皇家建筑或公用建筑，但是数量众多，随处可见，构成形式因家庭而异，最直接地反映了当时社会民众的生活，所以具有重要的研究价值。由于东汉以来庄园经济的发达，以各种庭院为代表的住宅，向我们展示了汉代民居的功能和丰富的形象。如富豪权贵的宅院，规模大，组合复杂，多由几组院落连接而成，功能分区详细，容纳的生活内容也更丰富。河南郑州和山东诸城出土的汉画像表现的是沿纵深方向组合的两三进院落，通过阙门、二门进入主要院落和正房；后者在大院中套有小院，在主房后配有后院。山东曲阜出土的画像石和陕西勉县老道寺汉墓出土的汉陶四合院则以并列方式组织院落，在主院旁加偏院，主院为家庭的主要生活区，偏院用来安排佣人房和畜禽圈，院中房屋通过层数和体量区分地位。四川成都"庭院"画像砖反映的院落组合更为清楚：左侧为主要部分，有前后两进院，两道门后为正堂；右侧是偏院，布置附属房屋；前院有厨房、水井、晒架，后院有主人高大的楼观；住宅周围圈以游廊，院落划分也由游廊完成，人可通过游廊走到每一个角落。江苏徐州茅村汉墓内一块长 2.7 米的画像石上刻画了十几幢建筑的立面，构成一座大型贵族宅园，屋宇重叠，楼观高耸，门阙、厅堂、楼阁、廊庑一应俱全。

秦汉建筑不仅在建筑类型体系和工程技术方面为中国建筑奠定了基础，而且通过建筑形式、环境和蕴含的象征意义表现出自身的气质和艺术特征，诱发人们感受、知觉和认识上的审美情感。特别是具有丰富内涵和意味的建筑形式已经充分显示出中国建筑的美。例如以台基、柱身和屋顶作为单体建筑的基本三段式构成的做法，在秦汉时期已完全成熟。在汉画中，这三个基本部分就得到了较好的表现。其中尤其对与人关系密切的柱身部分和宜于表现的屋顶部分反映最多。在柱身与屋顶之间，还有一种最具中国建筑特色的形式——斗栱。斗栱是舒展的屋顶与稳重的屋身之间的过渡，在秦汉建筑中已大量采用。汉画像中的斗栱形象多种多样，其中有的造型优美，装饰意味突出，并非真实合理的存在，而是艺术夸张的结果。

在汉代人的认识里，人有生命是因为躯体里有魂魄二气寄生；人的躯体外，是弥漫于天地间的阴阳二气和存在于二气中的种种神灵及精灵。了解了汉代人的这种观念，看到汉画中建筑的上下左右，处处是各种神灵、精灵和弥漫的云气，就一点儿也不会感到奇怪。

3. 陶建筑明器

汉代地面建筑实物，除了断墙残垣和不完整的陵墓石雕，几乎什么也没有留下。因此，汉墓中的陶建筑明器是我们了解汉代建筑最直接的形象材料。虽然这些陶建筑明器只是些民居，但并不妨碍我们对汉代建筑做出判断，因为中国古代一切建筑的原型都是民居。

汉代陶建筑明器主要有坞堡、宅院、望楼、碉楼、仓楼、水榭、独栋房屋，以及附属在这些建筑内的牲畜圈栏等。虽然这些明器是现实中的建筑模糊的影子，但以此为基础，辅以历史文献、遗存的图像材料及零星出土的汉代建筑实物，基本上可想象出汉代从乡村到城市人们的居住状况。

二、藻饰

藻饰部分所集，均以纹样类为主。从汉画素材的实际情况出发，藻饰可大致分为砖石纹饰图样、瓦当图样、铜镜图样、肖形印图样四类。

1. 纹饰

在汉代，绘画的主要功能被认为是成人伦、助教化，即所谓"竹帛所载，丹青所画"一类如史书的作用。这一作用不仅体现在人物画上，也体现在表现天地、山川等的图画上，如东汉王延寿《鲁灵光殿赋》中所云"图画天地，品类群生。……恶以诫世，善以示后"（《文选》），即为此意。但与此同时，绘画的非教化作用也被提出来，这就是"文质统一"论。"文"，本义是花纹、图案，用在哲学上与"质"对应，有表象、附属之意；用在艺术上与载体（"质"）对应，指装饰手段或以线绘为主的绘画手段。周秦以来，一些政治家和思想家在他们的言论和著述中，多以治世立国和修身养性为基点，对待艺术上的装饰手段，虽然有老、庄"五色令人目盲"[①]、"灭文章，散五采"[②]的极端观点，有墨、韩"先质而后文"[③]、"短褐不完者不待文绣"[④]，认为"文"是末技的观点，有孔、荀"文质彬彬，然后君子"[⑤]、"（以文）辨贵贱"[⑥]而作为"礼"的重要内容和手段的观点，等等，但在"好质而恶饰"这一点上，他们又是统一的。不过，儒家的文质观较为宽容，肯定了"文"的积极作用。汉代独尊儒术，孔、荀的文质观向前发展是必然的趋势。进入西汉以后，以《淮南子》为代表，对周秦诸家从反对文饰的角度出发而道出所谓"美服""好色""为观好"等，认为是出于人之性情，同时又与周秦诸家提出各种办法抑制这种爱好的做法相反，认为正是"民"的这种"好色之性"，才是一切教养的基础（"无其性，不可教训；有其性无其养，不

---

① 《老子·第十二章》。

② 《庄子·胠箧》。

③ 《墨子·墨子佚文》。

④ 《韩非子·五蠹》。

⑤ 《论语·雍也》。

⑥ 《荀子·富国》。

能遵道"①）。于是，"使民目悦"便成为符合人的本性的教育方法。真正将"文"提到一定美学高度的是东汉的王充。他认为"大人德扩，其文炳；小人德炽，其文斑。官尊而文繁，德高而文积"②，于是归结为"物以文为表，人以文为基"③，将"文"明确视为天、自然、德、质、人的显露部分，既是外部世界也是内部世界的客观反映。这一理论问题的解决，无疑为以纹饰为主要表现形式的藻绘、装饰艺术敞开了大门，也为如山水一类不具有教化功能的绘画的创作敞开了大门。汉代彩绘之风极盛，如宫廷建筑"屋不呈材，墙不露形。裹以藻绣，络以纶连。随侯明月，错落其间。金釭衔璧，是为列钱。翡翠火齐，流耀含英。悬黎垂棘，夜光在焉"（班固《西都赋》）。这种铺满一切空间的做法，将藻饰用到了极致。

汉代上承战国以来的金银错、金银镶嵌工艺，又将漆器彩绘艺术推向了极致。以砖、石材料为主要载体的汉画艺术，毫无疑义地深深受到这些艺术手法的影响，如那些飞动流利、精巧华美的云气纹、夔龙纹、蟠虺纹、蟠螭纹、凤鸟纹等，就是这些影响的体现。同时，在汉画中还可看到具有汉代特色和生活气息的纹样，如蔓草纹等。一些以神仙思想为主导的纹饰，如以神灵、仙人、羽人等为主体的云纹或各种几何纹饰出现在汉画里的各种场景中。此外，一些纯几何纹样的组合纹饰，一些以夸张变形的动物为主题的纹饰，也以其豪放、雄健、洗练的形式大量出现在汉画中。

需要指出的是，汉画中大量以独立形式表现出来的新的图画单元或装饰纹样，其中以山、石、树、云等形象最有价值。因为这些形象的出现一方面说明了汉代新的经济政策（"弛山泽之禁"，即山林川泽私有化）使得人们对山林川泽产生了亲近感；另一方面也反映了汉代哲学中对山石云气的跨时代的认识，即所谓"山体曰石"（刘熙《释名·释山》）、"云触石而出"（刘向《说苑·辨物》）、"金石同类，是为金不从革，失其性也"（《汉书·五行志》引刘歆语）等。汉代的这些理论表述和艺术表现形式，正为以主观意识为依据，以体现道德修养为目的，以山、石、云、气、树、林为表现载体的中国山水画的发端提供了可信的初始材料。

---

① 《淮南子·泰族训》。
② 《论衡·书解篇》。
③ 《论衡·书解篇》。

2. 瓦当

瓦当是我国传统建筑中用于遮雨的瓦件材料。特定的位置，使其既具有防雨、束水、固瓦、护檐的实用功能，又具有统一屋面的装饰作用。它是整个建筑不可分割的一部分，有着独立的艺术价值和审美意义。

圆形瓦当出现在战国晚期，汉代则是将圆形瓦当艺术发挥得淋漓尽致的时期。汉代瓦当从艺术形式上大致可以分为画像瓦当（图像当）、几何纹瓦当（纹饰当）和文字瓦当（文字当）三大类。画像瓦当以自然物象为主要装饰内容，包括动物、植物以及山水、日月等自然景象和少量人物形象。动物形象主要有龙、虎、龟、蛇、鹿、马、猴、兔、蟾蜍、凤鸟、朱雀、鸿雁等，植物形象以树、花瓣、葵、嘉禾为主。画像瓦当基本上是以面造型或是线面结合的浅浮雕。几何纹是秦汉瓦当中运用得最普遍的装饰形式，主要有云纹、方格纹、网纹、菱形纹、三角纹、锯齿纹、回纹、水涡纹、绳纹、点纹等。文字瓦当上的文字是一种装饰性图像，是汉代特有的美术字，无论是篆、缪篆、隶体，都与当时书写形式的字体不同；它不是书写的结果，而是篆刻和工艺制作的结果，其形体的刚正曲直、短长疏密，都具有独特的艺术性。几何纹瓦当和文字瓦当以凸起的线的造型为主，有着明晰、规整的不同装饰风格。汉代瓦当的画面构成，或放射回旋，或对称均衡，与画像砖、画像石一样，构思巧妙，风格简朴豪放、厚重刚健。

3. 铜镜

中国使用铜镜的历史，至少可追溯到史前的齐家文化时期。汉代是我国铜镜发展的鼎盛时期，不仅式样多，数量也极大。从今天的考古发现看，国内各地铜镜出土甚丰，周边国家如日本、朝鲜等也多有出土。汉式铜镜的整体特征是薄体、平边、圆形钮，装饰内容丰富，装饰形式规律化。就铜镜的工艺特征而言，功能上满足基本而单一的实用要求，追求镜面映像的高清晰度，而在表现形式上则追求完满之美、秩序之美、典丽之美，以至"刻画之精巧，文字之瑰奇，辞旨之温雅，一器而三善备焉"（罗振玉《古镜图录》）。

汉代铜镜在西汉前期还部分沿用战国铜镜的样式，西汉中期以后，一些新的镜类开始流行。西汉末期特别是王莽时期纹饰题材有了重大突破，到东汉又出现了高浮雕的神兽镜、画像镜，遂使铜镜成为纹饰精美异常、集实用和欣赏于一体的艺术品。

依照汉代铜镜的发展顺序，其主要流行的镜式有十五种：蟠螭纹镜类、蟠虺纹镜类、草叶纹镜类、星云纹镜类、连弧纹铭文镜类、重圈铭文镜类、四乳禽兽纹镜类、规矩纹镜类、多乳禽兽纹镜类、连弧纹镜类、变形四叶纹镜类、神兽镜类、画像镜类、夔凤（双夔）纹镜类、龙虎纹镜类。

汉代铜镜是中国金属工艺史上的杰出篇章之一，它继承了秦汉以前青铜艺术的优秀成果，充满生命活力，具有极高的美学价值。

4. 肖形印

秦汉玺印中印面为图像者，称为肖形印或形肖印。这种玺印早在战国时期就已出现，大多为动物形象，且有浮雕模子性质，压在泥上才能见其全貌。到了东汉，内容题材就广泛多了，浮雕模子性质逐渐消失，凹进之处已无高低层次。从肖形印的内容来看，大体可分为人物生活、建筑、兽、鸟、四灵、龙鱼龟虫等几个门类。这些内容既反映了当时的客观现实，也反映了人们的思想观念和审美意趣。这些图像都采用浓缩的绘画手法来表现，它们与同时期的金石器物图像，特别是画像砖、画像石图像有共同的特征——简练、明快、质朴、生动。

肖形印布局巧妙，装饰性强，样式变化多，主题突出，具有感人的艺术魅力。肖形印绝大部分是在自然形态的基础上对物象加以夸张变形，略形取神或创形传神，不拘于每个细部的形似，而是把握住所要表现物象的典型意义，给予高度概括和恰如其分的夸张。方寸之内，把自然形态的物象的精神面貌充分而形象地显示出来。

建筑

仓楼　东汉　四川　砖

仓楼　东汉　四川长宁　石

榜题　太苍（太仓）　东汉　四川简阳鬼头山三号石棺　石

仓楼　东汉　四川　砖

仓楼　东汉　四川广汉　砖

仓楼　东汉　山东沂南北寨　石

仓楼　东汉　河南登封太室阙　石

仓楼　东汉　山东微山　石

仓楼　东汉　四川合江　石

仓楼　东汉　四川彭县　砖

仓楼　东汉　四川彭县　砖

建筑组群　东汉　江苏徐州　石

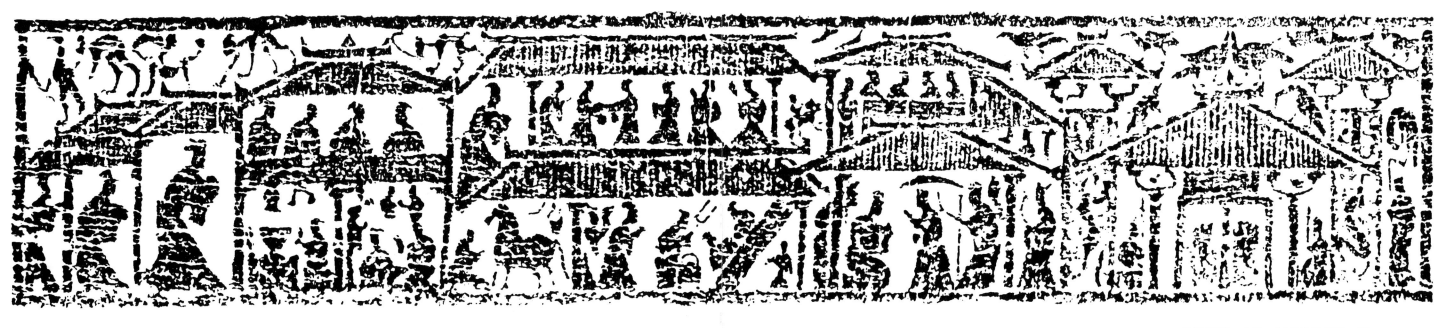

建筑组群 东汉 江苏徐州茅村 石

建筑组群 东汉 山东邹城 石

建筑　东汉　江苏徐州　石

建筑　东汉　江苏徐州　石

建筑　东汉　江苏徐州铜山耿集　石

多层楼阁　东汉　江苏徐州　石

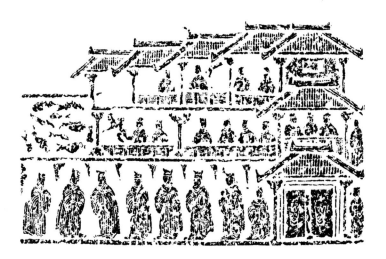

多层楼阁　东汉　江苏邳州　石

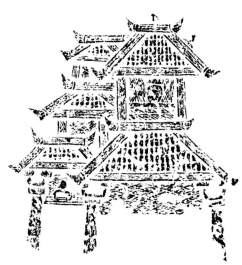

多层楼阁　东汉　江苏睢宁　石　　　　多层楼阁　东汉　江苏徐州白集　石

多层楼阁　东汉　江苏徐州　石

多层楼阁　东汉　江苏徐州　石

多层楼阁　东汉　江苏徐州　石

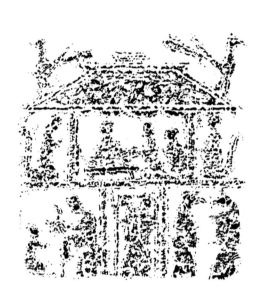

多层楼阁　东汉　山东微山　石

多层楼阁　东汉　江苏徐州　石

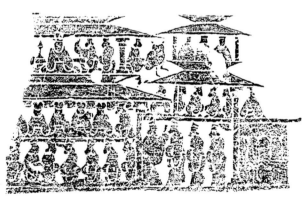

多层楼阁　东汉　山东滕州　石

多层楼阁　东汉　江苏徐州　石

多层楼阁　东汉　山东滕州　石

多层楼阁　东汉　陕西绥德　石

多层楼阁　东汉　山东济宁　石

多层楼阁　东汉　山东邹城　石

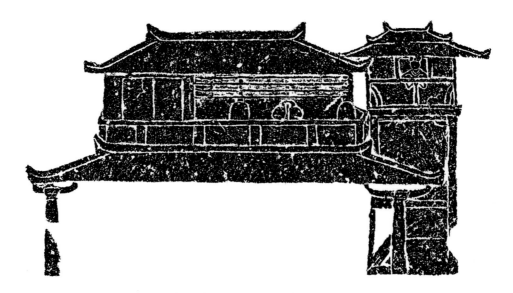

多层楼阁　东汉　四川郫县　石

多层楼阁　五重脊祭庙　东汉　山东沂南北寨　石

汉画中的建筑

望楼与多层楼

望楼 东汉 山东滕州 石　　　　**望楼** 东汉 陕西绥德 石　　　　**望楼** 东汉 陕西绥德 石

连阁建筑 多层楼房 东汉 江苏徐州 石　　　　**连阁建筑 腰栏楼阁** 东汉 山东费县刘家疃 石

腰栏楼阁 东汉 山东费县刘家疃 石　　　　**腰栏楼阁** 东汉 河南密县 石

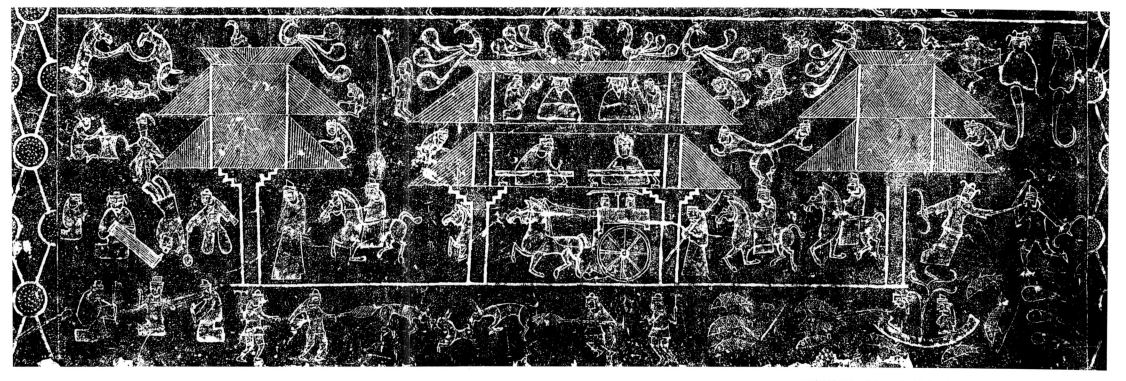

双阙楼阁　东汉　山东平阴实验中学祠堂后壁　石

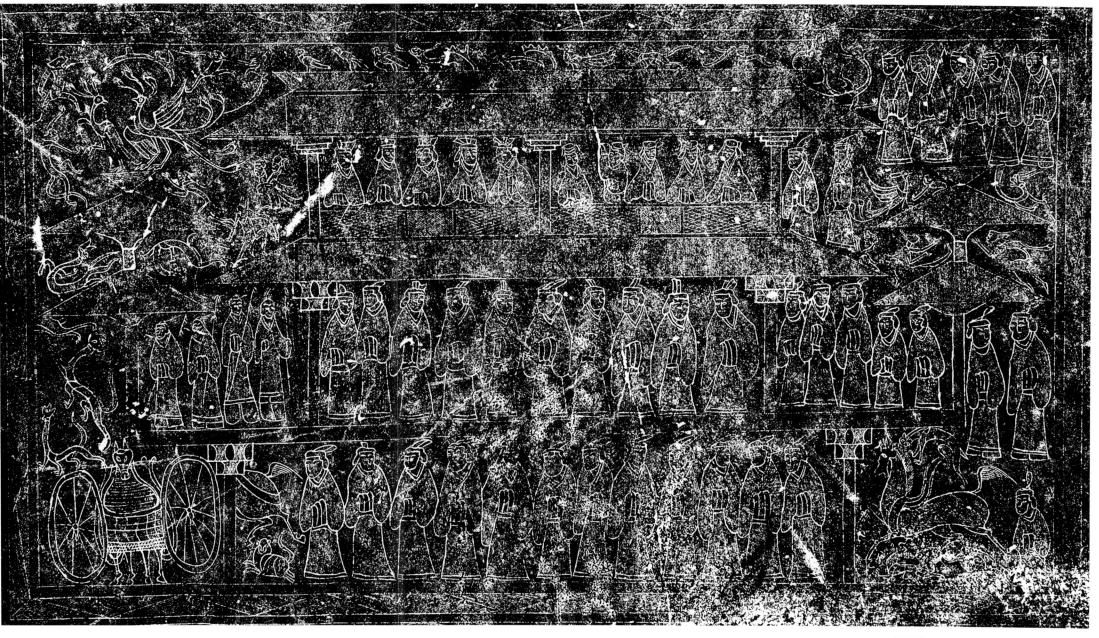

双阙楼阁　东汉　山东滕州　石

水榭　东汉　山东　石

水榭　东汉　山东微山　石

水榭　东汉　山东　石

水榭　东汉　山东微山　石

水榭　东汉　山东微山　石

水榭　东汉　山东微山　石

汉画中的建筑

水榭与庭院

水榭　东汉　江苏徐州　石

水榭　东汉　山东微山　石

水榭　东汉　山东邹城　石

水榭　东汉　山东微山　石

水榭　东汉　山东邹城　石

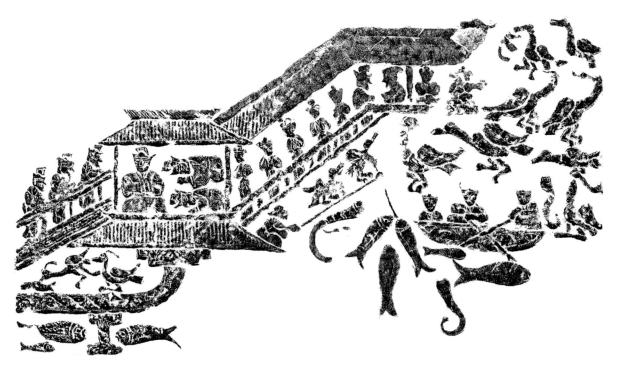

水榭　东汉　山东邹城北龙河　石

水榭荷塘　东汉　安徽宿州　石

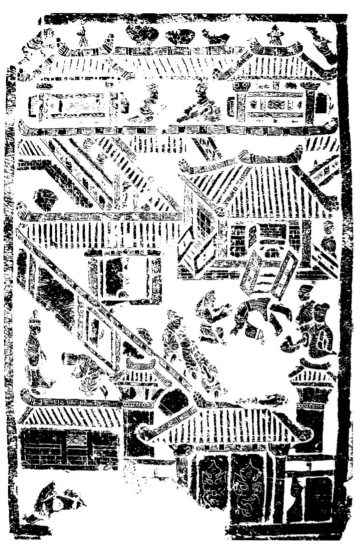

庭院　东汉　山东曲阜旧县　石　　　　　　　　　　庭院　东汉　河南郑州　砖

庭院　大门　东汉　江苏徐州　石

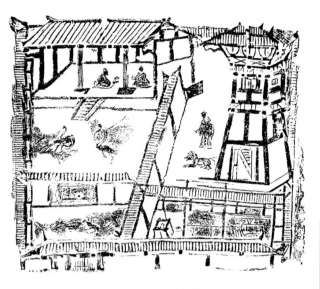

庭院 东汉 四川成都 砖

庭院 东汉 河南郑州 砖

庭院 大门 东汉 浙江海宁 石

庭院 东汉 陕西绥德 石

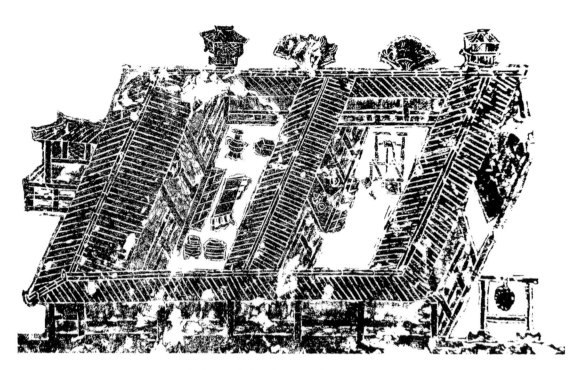

庭院　二进院　东汉　山东沂南北寨　石

庭院　东汉　江苏徐州　石

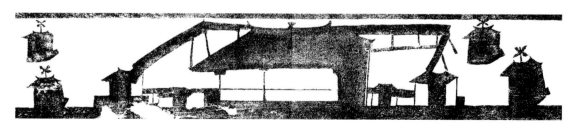

庭院　东汉　陕西绥德　石

庭院　东汉　江苏徐州　石

庭院　大门　东汉　四川合川　石

庭院　大门　东汉　四川德阳　砖

榜题　天门　东汉　四川简阳鬼头山三号石棺　石

天门　东汉　四川合川　石

榜题　太尉府门　东汉　安徽淮北　石

凤阙　东汉　河南唐河　石

凤阙　东汉　河南唐河　石

凤阙　东汉　河南唐河　石

凤阙　东汉　河南密县　砖

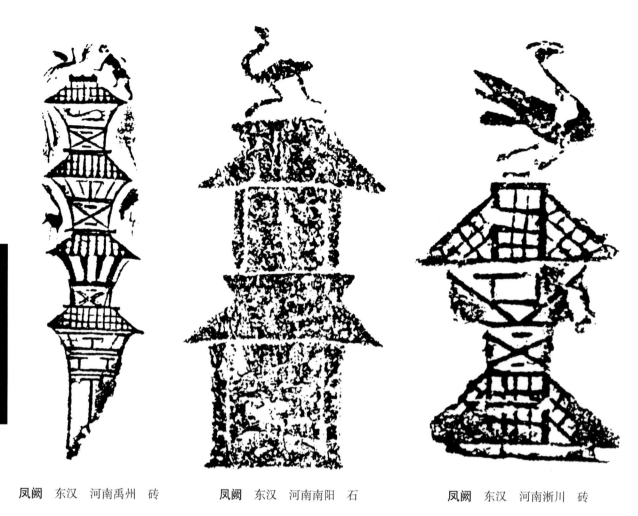

凤阙　东汉　河南禹州　砖　　　　　凤阙　东汉　河南南阳　石　　　　　凤阙　东汉　河南淅川　砖

凤阙　东汉　山东　石

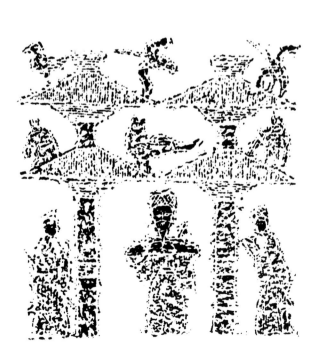

凤阙　东汉　山东微山　石

凤阙　东汉　四川大邑　砖

凤阙　东汉　河南郑州　砖

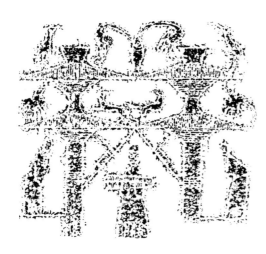

凤阙　东汉　山东微山　石

凤阙　东汉　四川大邑　砖

凤阙　东汉　河南方城　砖

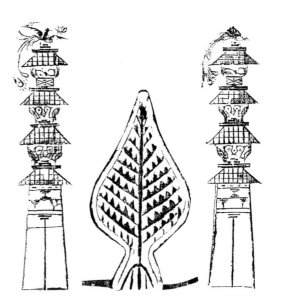

凤阙　东汉　河南禹州　砖

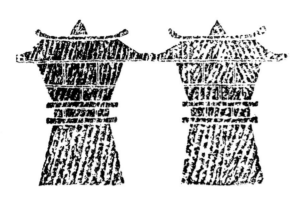
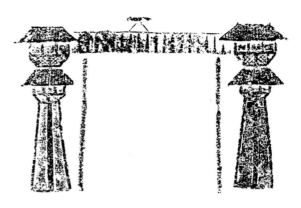

阙　东汉　四川彭山　石

阙　东汉　四川　砖

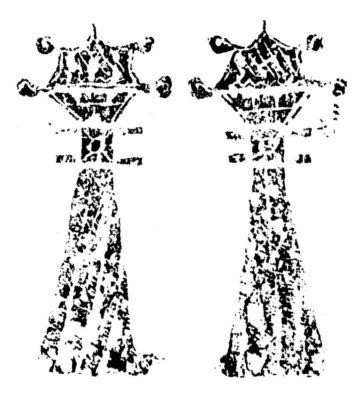

阙　东汉　四川宜宾　石

阙　东汉　四川德阳　砖

阙　东汉　河南唐河　砖

阙　东汉　河南郑州　砖

阙　东汉　河南新野　砖

阙　东汉　河南新野　砖

汉画中的建筑

门阙与楼阙

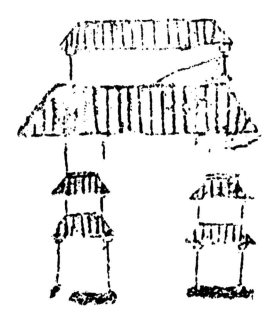

阙　东汉　四川芦山　石

阙　东汉　河南新野　砖

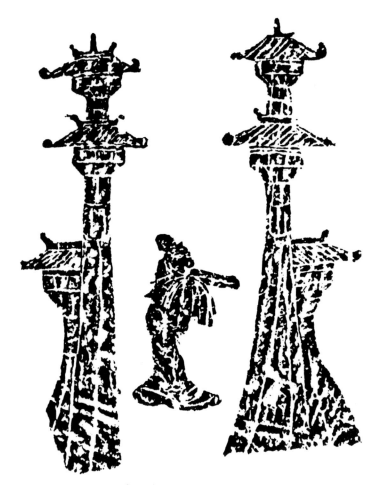

阙　东汉　河南南阳　石

阙　东汉　四川新津　石

阙　东汉　四川新津　石

阙　东汉　江苏徐州　石

阙　东汉　四川长宁　石

阙　东汉　四川郫县　石

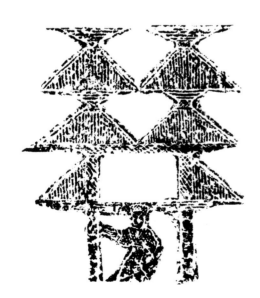

阙　东汉　山东邹城　石

阙　东汉　江苏徐州　石

汉画中的建筑

门阙与楼阙

阙 东汉 江苏徐州 石

阙 东汉 山东郓城 石

阙 东汉 河南南阳 石

单阙 东汉 四川长宁 石

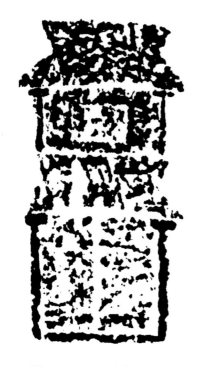

单阙　东汉　河南南阳　石　　　　单阙　东汉　陕西米脂　石　　　　单阙　东汉　陕西绥德　石

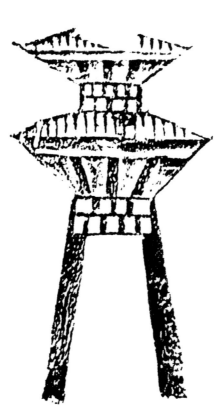

单阙　东汉　陕西绥德　石　　　　单阙　东汉　四川　砖　　　　单阙　东汉　四川　砖

汉画中的建筑

门阙与楼阙

单阙　东汉　四川昭化　砖

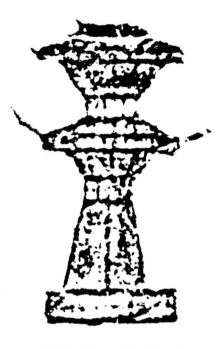

单阙　东汉　四川昭化　砖

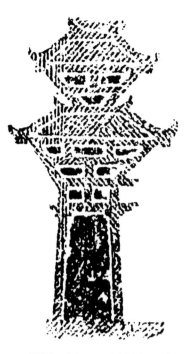

单阙　东汉　四川彭山　石

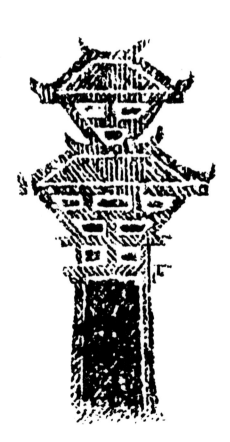

单阙　东汉　四川彭山　石

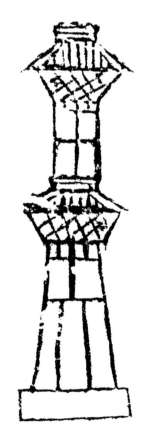

单阙　东汉　河南密县　砖

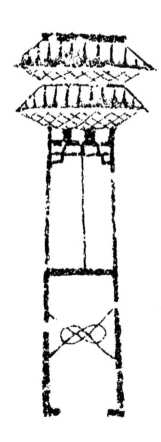

单阙　东汉　河南邓县　砖

  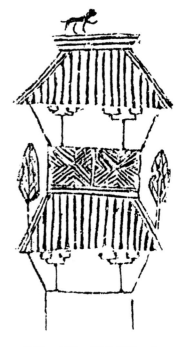

单阙　东汉　河南方城　砖　　　　单阙　东汉　河南新野　砖　　　　单阙　东汉　河南新野　砖

单阙　东汉　四川剑阁　砖　　　　单阙　东汉　四川长宁　石　　　　单阙　东汉　河南新野　砖

汉画中的建筑

门阙与楼阙

单阙　东汉　四川成都　砖　　　　单阙　东汉　四川昭化　砖　　　　单阙　东汉　河南南阳　石

楼阙　东汉　山东　石　　　　　　　　　楼阙　东汉　河南社旗　砖

楼阙　东汉　山东滕州　石　　　　　　　楼阙　东汉　山东滕州　石

楼阙 东汉 山东滕州 石

楼阙 东汉 山东 石

楼阙 东汉 山东济宁 石

楼阙 东汉 山东嘉祥 石

楼阙 东汉 山东 石

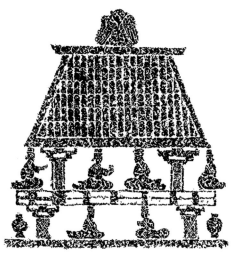

楼阙　东汉　江苏沛县　石　　　　　　楼阁·人物·鸱鸮　东汉　安徽淮北　石

楼阙　东汉　山东　石

楼阙　东汉　河南　砖

楼阙　东汉　山东　石

门阙　东汉　山东微山　石

门阙　东汉　山东沂水　石

门阙　东汉　四川荥经　石

汉画中的建筑
门阙与楼阙

门阙　东汉　河南郑州　砖

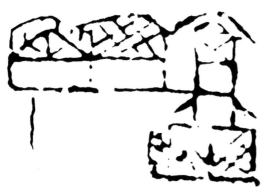

门阙　东汉　四川　砖

门阙　东汉　山东苍山　石

门阙　东汉　河南南阳　石

门阙　东汉　河南唐河　砖

门阙　东汉　四川平武　砖

门阙　东汉　山东历城　石

门阙　东汉　四川都江堰　石

门阙　东汉　四川大邑　石

阙与建筑　东汉　江苏徐州　石

阙与建筑　东汉　河南南阳　石

阙与建筑　东汉　山东滕州　石

阙与建筑　东汉　山东滕州　石

阙与建筑　东汉　山东　石

阙与建筑　东汉　河南　石

阙与建筑　东汉　陕西米脂　石

阙与建筑　东汉　山东滕州　石

阙与建筑　东汉　山东　石

阙与建筑　东汉　山东　石

阙与建筑　东汉　山东邹城　石

阙与建筑　东汉　安徽萧县　石

阙与建筑　东汉　江苏徐州铜山洪楼　石

亭阁　东汉　江苏徐州　石

亭阁　东汉　江苏徐州　石

亭阁　东汉　江苏徐州　石

亭阁　东汉　江苏徐州　石

亭阁　东汉　江苏徐州　石

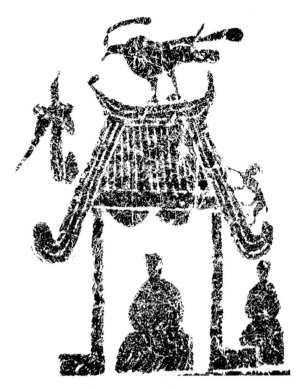

亭阁　东汉　江苏徐州　石

亭阁　东汉　江苏徐州　石

亭阁　东汉　江苏徐州　石

亭阁　东汉　江苏徐州　石

亭阁　东汉　江苏徐州　石

亭阁　东汉　江苏徐州　石

汉画中的建筑 亭阁

亭阁 东汉 江苏徐州 石

亭阁 东汉 江苏徐州 石

亭阁 东汉 江苏徐州 石

亭阁 东汉 江苏徐州 石

亭阁 东汉 江苏徐州 石

亭阁　东汉　江苏徐州　石

亭阁　东汉　江苏徐州　石

亭阁　东汉　江苏徐州　石

亭阁　东汉　江苏徐州　石

亭阁　东汉　江苏徐州　石

亭阁 东汉 江苏徐州 石

亭阁 东汉 江苏徐州 石

亭阁 东汉 江苏徐州 石

亭阁 东汉 山东嘉祥 石

亭阁 东汉 山东嘉祥 石

亭阁　东汉　山东嘉祥　石

亭阁　东汉　山东城武　石

亭阁　东汉　山东微山　石

亭阁　东汉　山东　石

亭阁　东汉　山东　石

亭阁　庑殿小阁　东汉　山东沂南北寨　石

亭阁　东汉　山东微山　石

亭阁　东汉　山东微山　石

亭阁　东汉　山东嘉祥　石

亭阁　东汉　山东微山　石

亭阁　东汉　山东微山　石

亭阁　东汉　山东微山　石

亭阁　东汉　山东邹城　石

亭阁　东汉　山东郓城　石

亭阁　东汉　山东微山　石

亭阁　东汉　山东嘉祥　石

亭阁　东汉　安徽萧县　石

汉画中的建筑

亭阁

亭阁　东汉　河南登封太室阙　石　　　　　亭阁　东汉　山东微山　石

亭阁　东汉　陕西清涧　石　　　　　亭阁　东汉　山东邹城　石

亭阁　东汉　山东莒南　石　　　　　亭阁　东汉　山东滕州　石

亭阁 东汉 山东东平 石

亭阁 东汉 山东微山 石

亭阁 东汉 山东微山 石

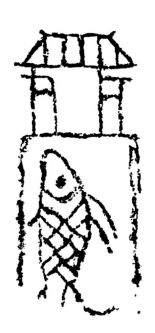

亭阁 东汉 河南方城 砖

亭阁 东汉 河南郑州 砖

亭阁 东汉 河南南阳 石

亭阁　东汉　河南郾城　砖　　　　　　　　亭阁　东汉　河南唐河　石

亭阁　东汉　陕西绥德　石　　　　　　　　亭阁　东汉　陕西绥德　石

亭阁　东汉　陕西绥德　石

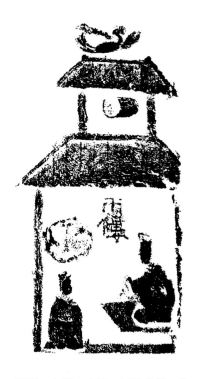

榜题 市楼 东汉 四川成都 砖

市楼 东汉 四川成都 砖

榜题 北市门 东汉 四川成都 砖

市楼 东汉 四川广汉 砖

榜题　**东市门**　东汉　四川成都　砖

榜题　**南市门**　东汉　四川成都　砖

迎谒鼓及建筑　东汉　山东滕州　石

迎谒鼓及建筑　东汉　山东滕州　石

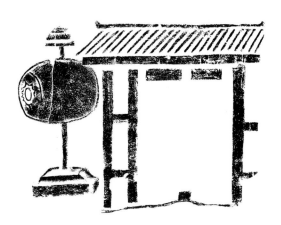

迎谒鼓及建筑　东汉　四川彭州　砖

迎谒鼓及建筑　东汉　山东沂南北寨　石

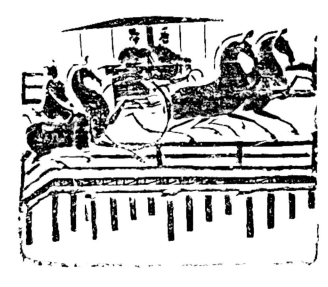

庙门（门前置一几） 东汉 山东沂南北寨 石 　　　　　桥 木柱平桥 东汉 四川成都 砖

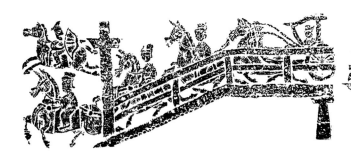

桥 东汉 山东 石

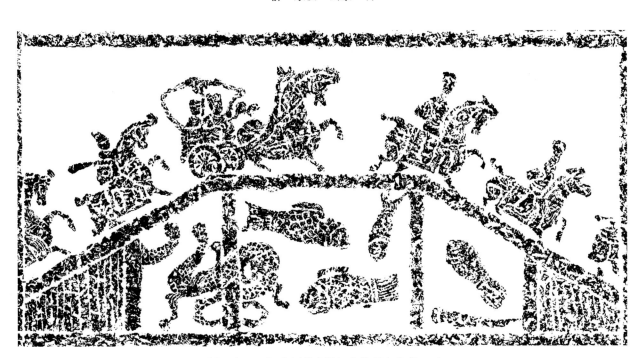

桥 东汉 江苏师范大学汉文化研究院藏 石

桥 虹桥 东汉 河南南阳 石

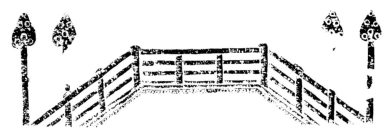

桥 东汉 山东 石

桥 东汉 山东苍山 石

桥 东汉 山东苍山 石

桥 拱桥 东汉 江苏徐州汉画像石艺术馆藏 石

桥　东汉　山东沂南北寨　石

建筑组群　东汉　山东长清孝堂山　石

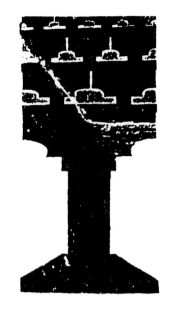
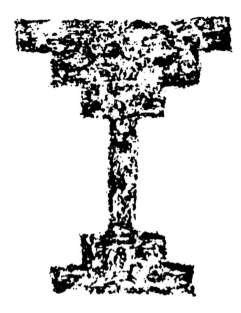

楹柱斗栱 东汉 陕西绥德延家岔 石　　　　**柱 墓门柱** 东汉 山东 石　　　　**柱 墓门柱** 东汉 河南 砖

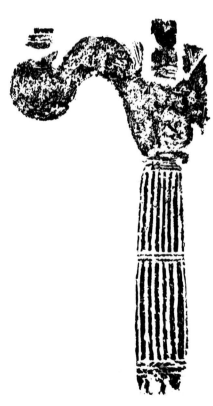

柱 斗栱与束竹柱 东汉 四川乐山柿子湾崖墓 石　　　　**柱 斗栱与柱子** 东汉 四川乐山 石

柱　墓门柱　东汉　山东　石

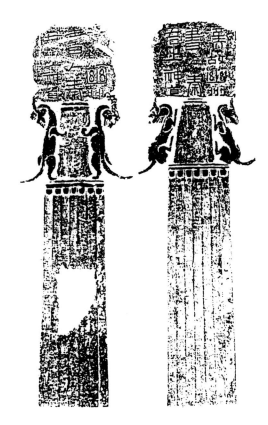

柱　墓石表　东汉　北京　石

柱　墓门柱　东汉　山东泰安　石

柱　人像方柱（局部）　东汉
山东安丘董家庄汉墓　石

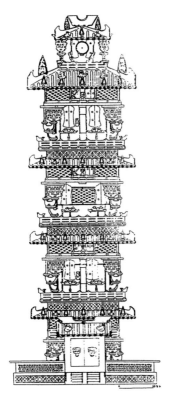

望楼　东汉　河北阜城　陶

望楼　东汉　北京顺义　陶

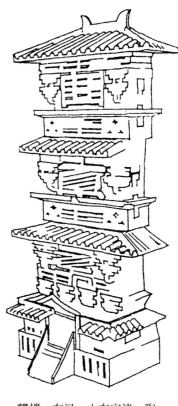

望楼　东汉　山东宁津　陶

汉建筑明器线描图

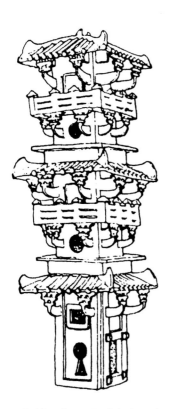

望楼　东汉　河北望都　陶

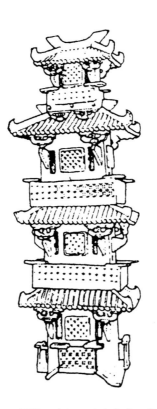

望楼　东汉　山东高唐　陶

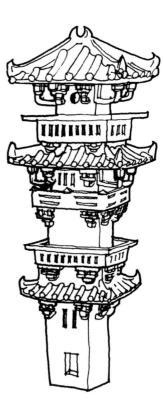

望楼　东汉
《中国美术史·秦汉卷》插图　陶

汉建筑明器线描图

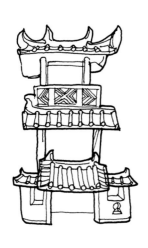

望楼（有错叠的屋顶） 东汉
《中国美术史·秦汉卷》插图　陶

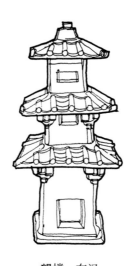

望楼 东汉
《中国美术史·秦汉卷》插图　陶

望楼（有用大铆钉加固的栏杆） 东汉
《中国美术史·秦汉卷》插图　陶

望楼 东汉
《中国美术史·秦汉卷》插图　陶

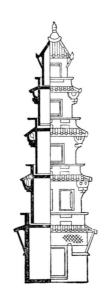

望楼　塔式楼 东汉
河南洛宁黄沟湾　陶

望楼　带院望楼 东汉
湖南常德　陶

望楼　带院望楼 东汉
河南灵宝　陶

望楼　带院望楼 东汉
河南灵宝　陶

望楼　带院望楼 东汉
陕西潼关　陶

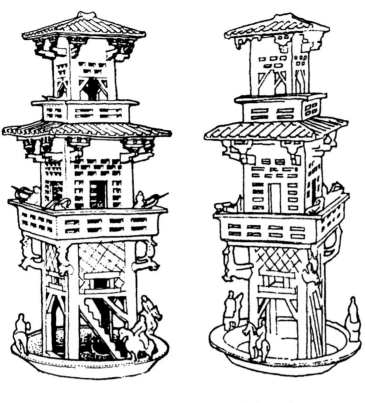

水中望楼（两个角度） 东汉 河南陕县 陶

水中望楼 东汉 河南灵宝 陶

水中望楼 东汉
《中国美术史·秦汉卷》插图 陶

五脊重楼 东汉 四川新津 陶

汉建筑明器线描图

坞堡　东汉　广东广州　陶

坞堡（有错叠的屋顶）　东汉　甘肃武威　陶

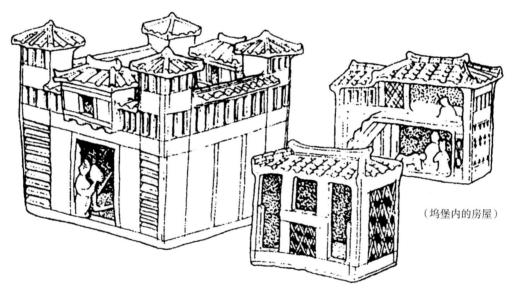

（坞堡内的房屋）

坞堡　东汉　广东广州　陶

楼院　东汉　陕西勉县老道寺　陶

楼院（有错叠的屋顶）　东汉　广东广州象栏岗　陶

楼院　东汉　湖北云梦痢痢墩　陶

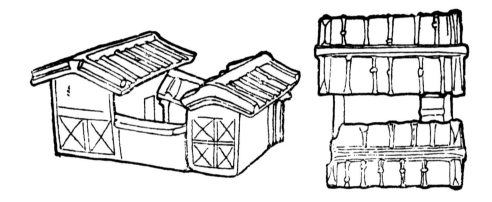

三合院　东汉　河南陕县　陶

楼院（有错叠的屋顶）　东汉
《中国美术史·秦汉卷》插图　陶

水榭　东汉　《中国美术史·秦汉卷》插图　陶

汉建筑明器线描图

水榭　东汉　陕西西安　陶

斗栱　东汉　《中国美术史·秦汉卷》插图　陶

斗栱　东汉　《中国美术史·秦汉卷》插图　陶

斗栱　东汉　《中国美术史·秦汉卷》插图　陶

斗栱　东汉　四川双流牧马山　陶

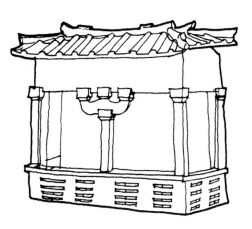

斗栱　红陶仓房　东汉　河南郑州二里岗　陶

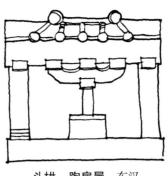
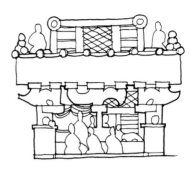

斗栱　红陶仓房　东汉
河南郑州二里岗　陶

斗栱　陶房屋　东汉
重庆忠县　陶

斗栱　陶房屋　东汉
重庆忠县　陶

汉建筑明器线描图

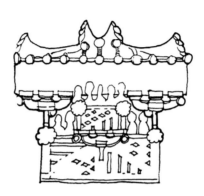
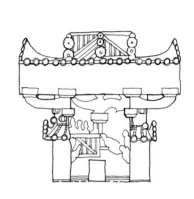

斗栱　陶房屋　东汉　重庆忠县　陶

斗栱　陶房屋　东汉　重庆忠县　陶

斗栱　陶房屋　东汉　重庆忠县　陶

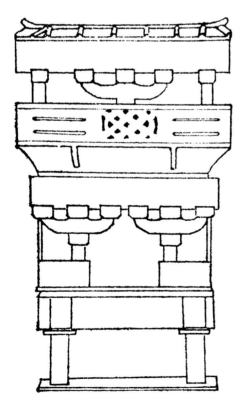
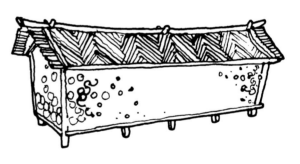

干栏式建筑　西汉　广东广州　铜

干栏式建筑（一斗三升重楼式）
东汉　重庆相国寺　陶

干栏式建筑　西汉　广西合浦　铜

汉建筑明器线描图

干栏式建筑　西汉　云南晋宁　铜

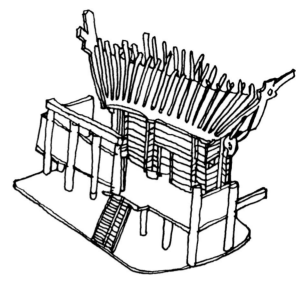

干栏式建筑　西汉　云南晋宁　铜

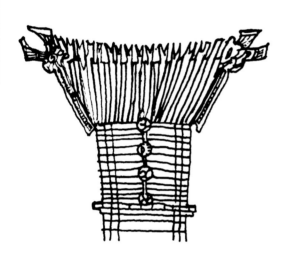

干栏式建筑　西汉　云南晋宁　铜

干栏式建筑　东汉　广东广州　陶

干栏式建筑　东汉　广东广州　陶

干栏式建筑　东汉　广东广州　陶

干栏式建筑 东汉
广东广州　陶

干栏式建筑 东汉
广东广州　陶

干栏式建筑 东汉
广东广州　陶

汉建筑明器线描图

干栏式建筑 东汉
广东广州　陶

穿斗式结构房屋 东汉
广东广州　陶

抬梁式结构房屋 东汉
河南荥阳　陶

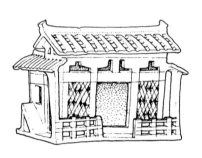

三合式建筑 东汉
广东广州　陶

门窗 东汉
《中国美术史·秦汉卷》插图　陶

门窗 东汉
《中国美术史·秦汉卷》插图　陶

曲尺形建筑 东汉
广东广州　陶

曲尺形陶房 东汉
《中国美术史·秦汉卷》插图　陶

曲尺形陶房 东汉
《中国美术史·秦汉卷》插图　陶

汉建筑明器线描图

曲尺形陶房 东汉
《中国美术史·秦汉卷》插图 陶

曲尺形陶房 东汉
《中国美术史·秦汉卷》插图 陶

曲尺形陶房 东汉
《中国美术史·秦汉卷》插图 陶

曲尺形陶房 东汉
《中国美术史·秦汉卷》插图 陶

曲尺形陶房 东汉
《中国美术史·秦汉卷》插图 陶

曲尺形陶房 东汉
《中国美术史·秦汉卷》插图 陶

曲尺形陶房　东汉
《中国美术史·秦汉卷》插图　陶

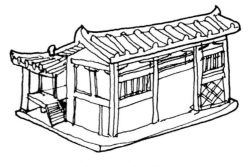

曲尺形陶房　东汉
《中国美术史·秦汉卷》插图　陶

曲尺形陶房　东汉
广东广州　陶

曲尺形陶房　东汉
《中国美术史·秦汉卷》插图　陶

曲尺形陶房　东汉
《中国美术史·秦汉卷》插图　陶

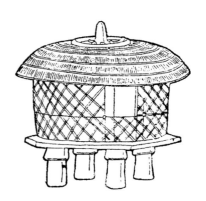

仓篅　东汉　广东广州东山　陶

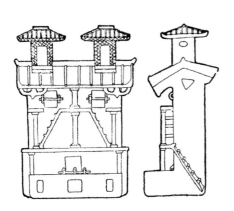

仓廪　东汉　河南南阳王寨　陶

仓囷　西汉　湖北江陵凤凰山　陶

汉建筑明器线描图

汉建筑明器线描图

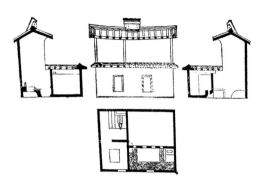

厕　东汉　河南南阳杨官寺　陶

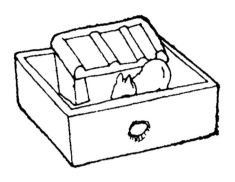

狗圈　东汉　河南陕县刘家渠　陶

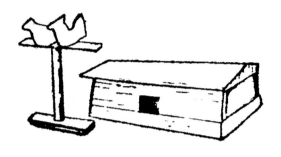

鸡坩　东汉　甘肃武威磨嘴子　木

牛牢　东汉　广东广州沙河坝　陶

畜圈与厕所相结合的房屋　东汉
江苏徐州十里铺　陶

猪溷　东汉　河南汲县　陶

羊圈　东汉　河南陕县刘家渠　陶

有庑殿顶建筑的船　东汉　广东德庆　陶

藻饰

青龙　汉　陕西西安北郊炕底寨村　瓦当　　　　　　青龙　汉　陕西西安汉长安城遗址　瓦当

青龙　汉　瓦当

青龙　汉　陕西西安汉长安城遗址　瓦当　　　　　　青龙　汉　陕西西安汉长安城遗址　瓦当

瓦当

图像当

青龙

青龙　汉　陕西西安汉长安城遗址　瓦当　　　　　　青龙　汉　陕西西安汉长安城遗址　瓦当

青龙　汉　陕西西安汉长安城遗址　瓦当

青龙　汉　陕西周至竹园头村长杨宫遗址　瓦当　　　　青龙　汉　瓦当

白虎　汉　陕西西安汉长安城遗址　瓦当

白虎　汉　陕西西安汉长安城遗址　瓦当

白虎　汉　陕西西安汉长安城遗址　瓦当

白虎　汉　陕西西安汉长安城遗址　瓦当

白虎　汉　陕西西安汉长安城遗址　瓦当

白虎　汉　陕西西安汉长安城遗址　瓦当

瓦当

图像当

白虎

白虎　汉　陕西西安汉长安城遗址　瓦当

白虎　汉　陕西西安汉长安城遗址　瓦当

瓦当

图像当

白虎

白虎　汉　陕西西安汉长安城遗址　瓦当

白虎　汉　陕西　瓦当

白虎　汉　陕西西安汉长安城遗址　瓦当

白虎　汉　陕西西安汉长安城遗址　瓦当

白虎　汉　陕西西安北郊炕底寨村　瓦当

白虎　汉　陕西周至竹园头村长杨宫遗址　瓦当

白虎　汉　陕西　瓦当

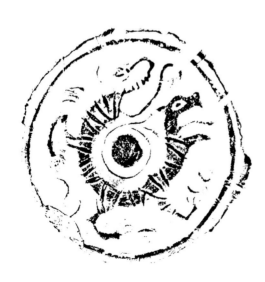

白虎　汉　陕西周至竹园头村长杨宫遗址　瓦当

白虎　汉　陕西周至竹园头村长杨宫遗址　瓦当

朱雀　汉　陕西西安汉长安城遗址　瓦当

朱雀　汉　陕西西安汉长安城遗址　瓦当

瓦当

图像当

朱雀

朱雀　汉　陕西西安汉长安城遗址　瓦当

朱雀　汉　陕西西安汉长安城遗址　瓦当

朱雀　汉　陕西西安汉长安城遗址　瓦当

朱雀　汉　陕西西安汉长安城遗址　瓦当

朱雀　汉　陕西西安汉长安城遗址　瓦当

朱雀　汉　陕西西安北郊炕底寨村　瓦当

朱雀　汉　陕西　瓦当

朱雀　汉　瓦当

朱雀　汉　陕西西安汉长安城遗址　瓦当

朱雀　汉　瓦当

朱雀　汉　陕西周至竹园头村长杨宫遗址　瓦当

朱雀　汉　瓦当

玄武　汉　陕西西安汉长安城遗址　瓦当　　　　　玄武　汉　陕西西安汉长安城遗址　瓦当

瓦当

图像当

玄武

玄武　汉　陕西西安汉长安城遗址　瓦当　　　　　玄武　汉　陕西西安汉长安城遗址　瓦当

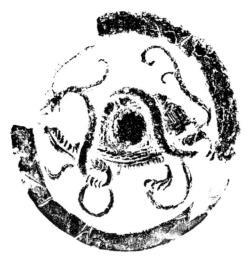

玄武　汉　陕西西安汉长安城遗址　瓦当　　　　　玄武　汉　陕西西安汉长安城遗址　瓦当

玄武　汉　陕西西安汉长安城遗址　瓦当

玄武　汉　陕西西安汉长安城遗址　瓦当

玄武　汉　陕西西安北郊炕底寨村　瓦当

玄武　汉　陕西西安北郊李家村　瓦当

玄武　汉　陕西周至竹园头村长杨宫遗址　瓦当

玄武　汉　陕西周至竹园头村长杨宫遗址　瓦当

龙虎蟾蜍 汉 瓦当

蹴鞠 汉 瓦当

人面 汉 瓦当

大富昌宜侯王人面 汉 陕西咸阳 瓦当

猴 汉 瓦当

马 汉 陕西西安阿房宫遗址 瓦当

鹿甲天下　汉　陕西淳化甘泉宫遗址　瓦当　　　　鹿甲天下　汉　陕西西安　瓦当

蟾蜍玉兔　汉　陕西淳化董家村　瓦当　　　　蟾蜍玉兔　汉　陕西西安汉长安城建章宫遗址　瓦当

蟾蜍玉兔　汉　陕西　瓦当　　　　金乌　汉　陕西西安汉长安城建章宫遗址　瓦当

金乌　汉　陕西淳化甘泉宫遗址　瓦当

三鹤　汉　陕西西安　瓦当

三鹤　汉　陕西西安　瓦当

六鹤　汉　瓦当

龟　汉　陕西淳化董家村　瓦当

树木四兽　汉　瓦当

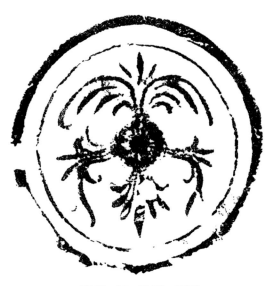

嘉禾　汉　陕西　瓦当

延年飞鸿　汉　陕西西安汉长安城遗址　瓦当

延年飞鸿　汉　陕西西安汉长安城遗址　瓦当

延年飞鸿　汉　陕西西安汉长安城遗址　瓦当

瓦当

文字当 年号

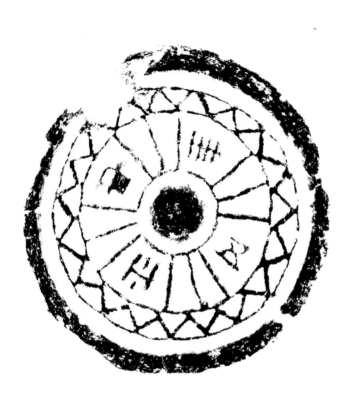

中平五年（188） 东汉　四川德阳黄许镇绵竹城遗址　瓦当

维天降灵延元万年天下康宁　汉
陕西西安汉长安城遗址　瓦当

维天降灵延元万年天下康宁　汉
陕西西安汉长安城遗址　瓦当

维天降灵延元万年天下康宁　汉
陕西西安汉长安城遗址　瓦当

维天降灵延元万年天下康宁　汉
陕西西安汉长安城遗址　瓦当

汉并天下　汉　陕西西安汉长安城遗址　瓦当

汉并天下　汉　陕西西安汉长安城遗址　瓦当

汉并天下　汉　陕西西安汉长安城遗址　瓦当

汉并天下　汉　陕西西安汉长安城遗址　瓦当

瓦当

文字当 记事

汉并天下　汉　陕西西安汉长安城遗址　瓦当

汉兼天下　汉　陕西西安　瓦当

惟汉三年大并天下　汉　陕西汉中　瓦当

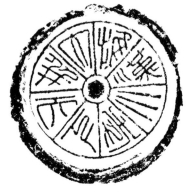

惟汉三年大并天下　汉　陕西西安　瓦当

高祖置当　汉　陕西　瓦当

□□□□戊年造　汉　瓦当

汉宫　汉　瓦当

建章　汉　瓦当

兰池宫当　汉　瓦当

兰池宫当　汉　陕西咸阳　瓦当

来谷宫当　汉　陕西凤翔长青镇孙家南头村　瓦当

橐泉宫当　汉　陕西凤翔　瓦当

蕲年宫当　汉
陕西凤翔长青镇孙家南头堡子壕遗址　瓦当

棫阳　汉　陕西凤翔南指挥乡东社　瓦当

羽阳千秋　汉　瓦当

羽阳千秋　汉　陕西宝鸡　瓦当

羽阳千秋　汉　陕西宝鸡　瓦当

羽阳千秋　汉　瓦当

羽阳千岁　汉　陕西宝鸡东关　瓦当

羽阳千岁　汉　陕西宝鸡东关　瓦当

羽阳千岁　汉　陕西宝鸡　瓦当

羽阳千岁　汉　陕西宝鸡　瓦当

羽阳千岁　汉　瓦当

羽阳千岁　汉　瓦当

羽阳千岁 汉 瓦当

羽阳千岁 汉 陕西宝鸡 瓦当

瓦当

文字当 宫殿苑囿

羽阳万岁 汉 瓦当

羽阳万岁 汉 陕西宝鸡 瓦当

羽阳临渭 汉 瓦当

羽阳临渭 汉 陕西宝鸡 瓦当

羽阳临渭　汉　陕西宝鸡　瓦当

年宫　汉　陕西凤翔南指挥乡东社　瓦当

年宫　汉　陕西凤翔南指挥乡东社　瓦当

鼎胡延寿宫　汉　陕西蓝田焦岱镇　瓦当

鼎胡延寿宫　汉　陕西蓝田焦岱镇　瓦当

鼎胡延寿宫　汉　陕西蓝田焦岱镇　瓦当

鼎胡延寿宫　汉　瓦当

鼎胡延寿宫　汉　陕西蓝田焦岱镇　瓦当

鼎胡延寿宫　汉　瓦当

鼎胡延寿宫　汉　陕西蓝田焦岱镇　瓦当

鼎胡延寿宫　汉　陕西蓝田焦岱镇　瓦当

鼎胡延寿保　汉　陕西蓝田焦岱镇　瓦当

鼎胡延寿保　汉　陕西蓝田焦岱镇　瓦当

上林　汉　陕西上林苑遗址　瓦当

上林　汉　陕西上林苑遗址　瓦当

上林　汉　陕西上林苑遗址　瓦当

上林　汉　陕西上林苑遗址　瓦当

上林　汉　陕西上林苑遗址　瓦当

上林　汉　陕西上林苑遗址　瓦当

上林　汉　陕西上林苑遗址　瓦当

瓦当

文字当

宫殿苑囿

上林　汉　陕西上林苑遗址　瓦当

上林　汉　陕西上林苑遗址　瓦当

上林　汉　陕西上林苑遗址　瓦当

上林　汉　陕西上林苑遗址　瓦当

甘泉上林　汉　瓦当

甘泉上林　汉　陕西淳化　瓦当

甘泉上林　汉　陕西淳化　瓦当

甘泉上林（范）汉　陕西　瓦当

甘林　汉　陕西淳化　瓦当

甘林　汉　陕西淳化　瓦当

甘林　汉　陕西淳化　瓦当

益延寿　汉　陕西汉甘泉宫益延寿观遗址　瓦当

益延寿　汉　陕西汉甘泉宫益延寿观遗址　瓦当

益延寿　汉　陕西汉甘泉宫益延寿观遗址　瓦当

石室朝神宫　汉　陕西西安汉长安城遗址　瓦当

石室朝神宫　汉　陕西西安汉长安城遗址　瓦当

朝神之宫　汉　陕西西安汉长安城遗址　瓦当

朝神之宫　汉　陕西西安汉长安城遗址　瓦当

成山　汉　陕西郿县成山宫遗址　瓦当

黄山　汉　陕西兴平　瓦当

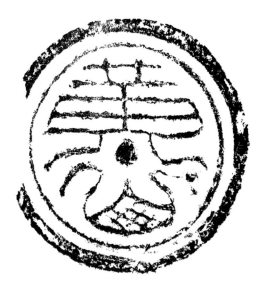

黄山　汉　陕西兴平　瓦当

黄山　汉　陕西兴平　瓦当

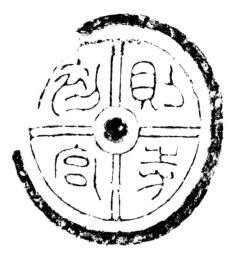

则寺初宫 汉 瓦当

梁宫 汉 陕西西安汉长安城未央宫遗址 瓦当

石渠千秋 汉 瓦当

石渠千秋 汉 陕西西安汉长安城未央宫遗址 瓦当

骀荡万年 汉 陕西西安汉长安城建章宫遗址 瓦当

清凉有憙 汉 陕西西安汉长安城未央宫遗址 瓦当

寿成　汉　陕西西安汉长安城遗址　瓦当

八风寿存当　汉　陕西西安汉长安城遗址　瓦当

八风寿存当　汉　陕西西安汉长安城遗址　瓦当

八风寿存当　汉　陕西西安汉长安城遗址　瓦当

瓦当
文字当
宫殿苑囿

折风阙当　汉　陕西西安汉长安城遗址　瓦当

东宫　汉　陕西西安汉长安城遗址　瓦当

平乐宫阿　汉　陕西西安汉长安城遗址　瓦当

宫宜子孙　汉　陕西　瓦当

狼干万延　汉　陕西　瓦当

掮依中庭　汉　陕西西安汉长安城遗址　瓦当

内掖株风　汉　陕西西安　瓦当

宫　汉　陕西西安　瓦当

宫 汉 陕西西安 瓦当

宫 汉 陕西西安 瓦当

宫 汉 陕西周至竹园头村长杨宫遗址 瓦当

宫 汉 陕西西安 瓦当

宫 汉 陕西西安 瓦当

宫 汉 陕西澄城刘家洼 瓦当

瓦当

文字当

宫殿苑囿

宫 汉 陕西西安汉长安城遗址 瓦当

宫 汉 瓦当

船室 汉 陕西韩城芝川镇扶荔宫遗址 瓦当

便 汉 陕西西安 瓦当

便 汉 陕西西安汉长安城章城门东北 瓦当

便 汉 陕西 瓦当

长乐未央宫　汉　陕西西安长安区皇甫村　瓦当

与华无极　汉　瓦当

与华无极　汉　陕西华阴华仓遗址　瓦当

与华无极　汉　陕西华阴　瓦当

与华无极　汉　陕西华阴华仓遗址　瓦当

与华无极　汉　陕西华阴　瓦当

瓦当

文字当

宫殿苑囿

与华无极　汉　陕西华阴　瓦当

与华无极　汉　陕西华阴华仓遗址　瓦当

与华无极　汉　陕西华阴　瓦当

与华无极　汉　陕西华阴　瓦当

与华无极　汉　陕西华阴　瓦当

与华无极　汉　陕西华阴　瓦当

与华无极　汉　陕西华阴　瓦当

与华无极　汉　瓦当

与华无极　汉　瓦当

与华无极　汉　陕西华阴　瓦当

与华相宜　汉　陕西华阴　瓦当

与华相宜　汉　陕西华阴　瓦当

与华相宜　汉　陕西华阴　瓦当

与华相宜　汉　陕西华阴　瓦当

与华相宜　汉　陕西华阴　瓦当

与华相宜　汉　瓦当

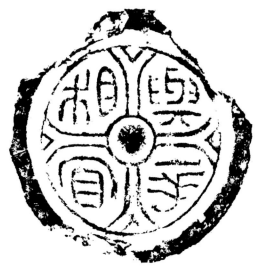

与华相宜　汉　陕西华阴　瓦当

与华相宜　汉　陕西华阴　瓦当

淮南　汉　陕西西安　瓦当

夔门　汉　陕西　瓦当

津门　汉　河南洛阳　瓦当

永承大灵　汉　陕西西安汉长安城遗址　瓦当

乐　汉　陕西西安　瓦当

乐　汉　陕西西安　瓦当

瓦当　文字当　官署

胡宫世昌黄林千羽　汉　陕西　瓦当

右空　汉　陕西西安　瓦当

右空　汉　陕西西安汉长安城遗址　瓦当

右空　汉　陕西西安汉长安城遗址　瓦当

右空　汉　陕西西安汉长安城遗址　瓦当

左空　汉　陕西西安汉长安城遗址　瓦当

宗正官当　汉　陕西西安汉长安城遗址　瓦当

宗正官当　汉　陕西西安汉长安城遗址　瓦当

都司空瓦　汉　陕西西安汉长安城遗址　瓦当

都司空瓦　汉　陕西西安汉长安城遗址　瓦当

空　汉　陕西西安　瓦当

右将　汉　瓦当

右将 汉 瓦当

右将 汉 陕西西安汉长安城遗址 瓦当

瓦当

文字当 官署

右将 汉 陕西西安汉长安城遗址 瓦当

上林农官 汉 陕西西安 瓦当

上林农官 汉 陕西西安 瓦当

上林农官 汉 陕西西安 瓦当

上林农官　汉　陕西西安　瓦当

佐弋　汉　陕西西安汉长安城遗址　瓦当

佐弋　汉　陕西西安汉长安城遗址　瓦当

次蜚官当　汉　陕西西安汉长安城遗址　瓦当

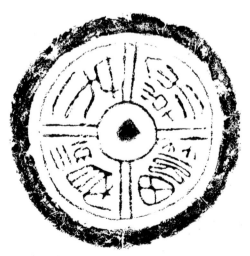

骹箑不瀫　汉　陕西西安　瓦当

长水屯瓦　汉　陕西西安　瓦当

瓦当

文字当 官署

临廷 汉 瓦当

临廷 汉 陕西华阴 瓦当

婴柞转舍 汉 陕西淳化甘泉宫遗址 瓦当

乐浪礼官 汉
朝鲜平壤大同江南岸乐浪郡遗址 瓦当

大乐万当 汉 陕西西安 瓦当

卫 汉 陕西西安汉长安城遗址 瓦当

卫　汉　陕西西安　瓦当

卫　汉　陕西西安　瓦当

卫　汉　陕西淳化甘泉宫遗址　瓦当

卫　汉　陕西淳化铁王镇汉昭帝母钩弋夫人云陵　瓦当

卫　汉　陕西西安汉长安城遗址　瓦当

卫　汉　陕西西安汉长安城遗址　瓦当

卫　汉　陕西淳化甘泉宫遗址　瓦当　　　　　　卫　汉　陕西西安汉长安城遗址　瓦当

卫　汉　陕西西安　瓦当　　　　　　　　　　　卫　汉　陕西西安　瓦当

卫　汉　陕西西安汉长安城遗址　瓦当　　　　　卫　汉　陕西西安汉长安城遗址　瓦当

卫 汉 陕西西安汉长安城遗址 瓦当

司隶□君 汉 陕西西安 瓦当

官 汉 陕西西安 瓦当

新安当瓦 汉 瓦当

郿 汉 陕西 瓦当

郿 汉 陕西郿县白家村汉郿县遗址 瓦当

瓦当

文字当

官署

郿　汉　陕西郿县白家村汉郿县遗址　瓦当

郿　汉　陕西郿县白家村汉郿县遗址　瓦当

乐浪富贵　汉　朝鲜平壤大同江南岸乐浪郡遗址　瓦当

雒　汉　四川广汉　瓦当

单于天降　汉　内蒙古包头麻池汉城遗址　瓦当

亭　汉　河南安阳　瓦当

京师仓当　汉　陕西华阴华仓遗址　瓦当

京师庾当　汉　陕西华阴　瓦当

京师庾当　汉　陕西华阴　瓦当

华仓　汉　陕西华阴　瓦当

华仓　汉　陕西华阴　瓦当

百万石仓 汉 陕西 瓦当

百万石仓 汉 陕西 瓦当

六畜兴旺 汉 瓦当

澂邑漕仓 汉 陕西 瓦当

关　汉　传出河南新安、灵宝函谷关旧址　瓦当

关　汉　传出河南新安、灵宝函谷关旧址　瓦当

关　汉　传出河南新安、灵宝函谷关旧址　瓦当

关　汉　传出河南新安、灵宝函谷关旧址　瓦当

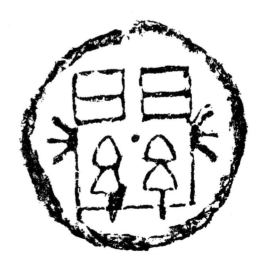

关　汉　传出河南新安、灵宝函谷关旧址　瓦当

前堂食室　汉　陕西　瓦当

宣灵　汉　瓦当

马氏殿当　汉　瓦当

马氏万年　汉　瓦当

马　汉　瓦当

马　汉　瓦当

马 汉 瓦当

马 汉 瓦当

黄金当璧之堂 汉 瓦当

梁氏殿当 汉 瓦当

崔氏冢舍 汉 瓦当

吴氏舍当 汉 陕西华阴 瓦当

严氏富贵 汉 陕西 瓦当

富及杜氏子孙 汉 陕西 瓦当

焦 汉 陕西 瓦当

焦 汉 陕西兴平茂陵南 瓦当

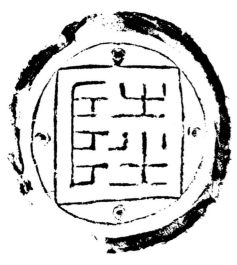

陆 汉 陕西西安汉长安城遗址 瓦当

金 汉 陕西西安汉长安城遗址 瓦当

李 汉 陕西 瓦当

李 汉 瓦当

王 汉 四川 瓦当

大 汉 陕西西安杜陵 瓦当

舍 汉 山西夏县禹王城遗址 瓦当

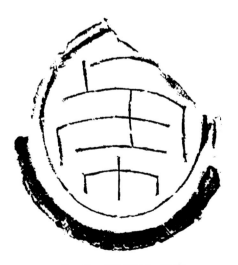

虎 汉 陕西澄城 瓦当

黑 汉 陕西渭南 瓦当

范 汉 瓦当

空 汉 陕西西安汉长安城遗址 瓦当

阳遂富贵 汉 瓦当

弘 汉 陕西西安汉长安城遗址 瓦当

马氏殿当 汉 陕西咸阳 瓦当

齐园宫当　汉　陕西咸阳长陵 21 号陪葬墓　瓦当

齐园　汉　瓦当

齐园　汉

陕西咸阳长陵 21 号陪葬墓　瓦当

齐一宫当　汉　瓦当

齐一宫当　汉　陕西咸阳长陵 21 号陪葬墓　瓦当

召陵宫当　汉　河南偃师　瓦当

召陵宫当　汉　瓦当

盗瓦者死 汉 瓦当

盗瓦者死 汉 瓦当

瓦当

文字当

墓冢

长陵西神 汉 瓦当

长陵西神 汉 陕西咸阳长陵 瓦当

长陵西神 汉 陕西咸阳长陵 瓦当

长陵西神 汉 陕西咸阳长陵 瓦当

长陵西当 汉 陕西咸阳长陵 瓦当

长陵西当 汉 陕西咸阳长陵 瓦当

长陵东赏 汉 陕西咸阳长陵 瓦当

长陵东赏 汉 陕西咸阳长陵 瓦当

长陵东赏 汉 瓦当

泾置阳陵 汉 陕西泾阳 瓦当

孝太后寝　汉　陕西　瓦当

安邑稠柱　汉　陕西咸阳安陵　瓦当

万岁冢当　汉　陕西　瓦当

万岁冢当　汉　陕西　瓦当

万岁冢当　汉　瓦当

万岁冢当　汉　瓦当

万岁冢当　汉　陕西　瓦当

万岁冢当　汉　陕西　瓦当

冢上大当　汉　陕西　瓦当

冢上大当　汉　陕西　瓦当

巨杨冢当　汉　陕西凤翔南指挥乡东社　瓦当

巨杨冢当　汉　陕西　瓦当

瓦当

文字当

墓冢

巨杨冢当　汉　陕西凤翔　瓦当

杨氏冢当　汉　陕西　瓦当

殷氏冢当　汉　陕西　瓦当

酒张冢当　汉　瓦当

赵君冢当　汉　瓦当

神零冢当　汉　瓦当

长生毋敬冢　汉　陕西洛川黄章村　瓦当

冢室完当　汉　陕西　瓦当

治冢宫当　汉　瓦当

冢仓当瓦　汉　瓦当

守祠堂当　汉　瓦当

加冢　汉　瓦当

冢 汉 瓦当

冢 汉 陕西甘泉鳌盖峁西汉墓 瓦当

冢 汉 瓦当

冢 汉 瓦当

冢当 汉 瓦当

冢当 汉 瓦当

冢上 汉 瓦当

冢上 汉 瓦当

冢鸮鸟 汉 瓦当

张是冢当 汉 瓦当

墓 汉 陕西 瓦当

墓 汉 陕西西安汉长安城遗址 瓦当

车 汉 陕西兴平茂陵车丞相墓 瓦当

金 汉 陕西兴平茂陵金日磾墓 瓦当

延年　汉　陕西西安汉长安城遗址　瓦当

延年　汉　陕西西安汉长安城遗址　瓦当

延年　汉　陕西西安汉长安城遗址　瓦当

延年　汉　陕西西安汉长安城遗址　瓦当

延年　汉　陕西西安汉长安城遗址　瓦当

延年　汉　陕西　瓦当

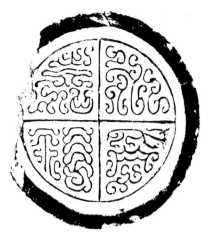

永受嘉福　汉　陕西西安汉长安城遗址　瓦当　　　　　　永受嘉福　汉　陕西西安汉长安城遗址　瓦当

泰灵嘉神　汉　陕西西安汉长安城遗址　瓦当　　　　　　泰灵嘉神　汉　陕西西安汉长安城遗址　瓦当

当王天命　汉　陕西西安汉长安城遗址　瓦当　　　　　　当王天命　汉　陕西西安汉长安城遗址　瓦当

当王天命　汉　陕西西安汉长安城遗址　瓦当

仁义自成　汉　陕西西安汉长安城遗址　瓦当

仁义自成　汉　陕西西安汉长安城遗址　瓦当

仁义自成　汉　陕西西安汉长安城遗址　瓦当

黄当万岁　汉　瓦当

黄堂万岁　汉　瓦当

黄天万岁　汉　山东临淄齐国故城遗址　瓦当

破胡乐栽　汉　陕西　瓦当

千秋万岁　汉　陕西　瓦当

千秋万岁　汉　陕西　瓦当

千秋万岁　汉　陕西西安汉长安城遗址　瓦当

千秋万岁　汉　陕西　瓦当

瓦当

文字当

吉语辞赋语

千秋万岁　汉　陕西西安汉长安城遗址　瓦当

千秋万岁　汉　陕西西安汉长安城遗址　瓦当

千秋万岁　汉　瓦当

千秋万岁　汉　瓦当

千秋万岁　汉　瓦当

千秋万岁　汉　瓦当

千秋万岁　汉　瓦当

千秋万岁　汉　瓦当

千秋万岁　汉　瓦当

千秋万岁　汉　瓦当

千秋万岁　汉　瓦当

千秋万岁　汉　陕西西安汉长安城遗址　瓦当

千秋万岁　汉　瓦当

千秋万岁　汉　陕西西安汉长安城遗址　瓦当

千秋万岁　汉　陕西西安汉长安城遗址　瓦当

千秋万岁　汉　陕西西安汉长安城遗址　瓦当

千秋万岁　汉　瓦当

千秋万岁　汉　陕西西安汉长安城遗址　瓦当

千秋万岁　汉
陕西华阴华仓遗址　瓦当

千秋万岁　汉　陕西西安汉长安城遗址　瓦当

千秋万岁　汉　陕西西安汉长安城遗址　瓦当

千秋万岁　汉　瓦当

千秋万岁　汉　陕西西安汉长安城遗址　瓦当

千秋万岁　汉　瓦当

瓦当
文字当
吉语辞赋语

千秋万岁　汉
陕西华阴华仓遗址　瓦当

千秋万岁　汉　陕西　瓦当

瓦当

文字当

吉语辞赋语

千秋万岁　汉　陕西　瓦当

千秋万岁　汉　陕西西安汉长安城遗址　瓦当

千秋万岁　汉　陕西　瓦当

千秋万岁　汉　陕西西安汉长安城遗址　瓦当

千秋万岁　汉　陕西　瓦当

千秋万岁　汉　陕西华阴华仓遗址　瓦当

千秋万岁　汉　瓦当

千秋万岁　汉　瓦当

千秋万岁　汉　山东临淄齐国故城遗址　瓦当

千秋万岁　汉　山东临淄齐国故城遗址　瓦当

千秋万岁　汉　瓦当

千秋万岁　汉　瓦当

千秋万岁与天毋极　汉　瓦当

千秋万岁与天毋极　汉　瓦当

千秋万岁与天毋极　汉
陕西西安汉长安城遗址　瓦当

千秋万岁安乐无极　汉　瓦当

千秋万世长乐未央昌　汉
陕西西安汉长安城遗址　瓦当

千秋万世长乐未央昌　汉
陕西周至竹峪镇西峪村东　瓦当

千万岁为大久年　汉　瓦当

千秋万岁与天无极千金　汉
陕西西安汉长安城遗址　瓦当

千秋万世　汉　瓦当

千秋万世　汉　瓦当

千秋万年　汉　陕西　瓦当

千秋万年　汉　瓦当

千秋万年　汉　瓦当

千秋万岁余未央　汉　瓦当

千秋万岁余未央　汉　瓦当

千秋万岁□□未央　汉　瓦当

千秋万岁与地毋极 汉 瓦当

千秋 汉 瓦当

千秋 汉 陕西 瓦当

千秋长安 汉 瓦当

千秋万世 汉 瓦当

延年益寿 汉 瓦当

瓦当 文字当 吉语辞赋语

延年益寿 汉 陕西西安汉长安城遗址 瓦当

延年益寿 汉 陕西西安汉长安城遗址 瓦当

延年益寿 汉 陕西西安汉长安城遗址 瓦当

延年益寿 汉 陕西西安汉长安城遗址 瓦当

延年益寿 汉 陕西西安汉长安城遗址 瓦当

延年益寿 汉 陕西西安汉长安城遗址 瓦当

延年益寿　汉　陕西　瓦当

延年益寿　汉　陕西　瓦当

延年益寿　汉　陕西西安汉长安城遗址　瓦当

延年益寿　汉　陕西西安汉长安城遗址　瓦当

延年益寿　汉　陕西西安汉长安城遗址　瓦当

延年益寿　汉　陕西　瓦当

延年益寿　汉　陕西西安汉长安城遗址　瓦当

延年益寿　汉　瓦当

延年延年　汉　陕西　瓦当

延寿千年　汉　瓦当

益延寿　汉　瓦当

延寿长相思　汉　陕西西安汉长安城遗址　瓦当

延寿长相思　汉　陕西西安汉长安城遗址　瓦当

延寿长相思　汉　陕西西安汉长安城遗址　瓦当

延寿万岁常与天久长　汉　陕西西安　瓦当

延寿万岁常与天久长　汉　瓦当

延寿万岁常与天久长　汉
陕西西安汉长安城遗址　瓦当

延寿万岁常与天久长　汉
陕西西安汉长安城遗址　瓦当

延寿万岁常与天久长　汉
陕西西安汉长安城遗址　瓦当

长乐未央　汉　瓦当

长乐未央　汉　瓦当

长乐未央　汉　瓦当

长乐未央　汉　瓦当

长乐未央　汉　瓦当

长乐未央　汉　瓦当

长乐未央　汉　陕西西安汉长安城遗址　瓦当

长乐未央　汉　陕西西安汉长安城遗址　瓦当

长乐未央　汉　瓦当

长乐未央　汉　陕西西安汉长安城遗址　瓦当

长乐未央　汉　陕西西安汉长安城遗址　瓦当

长乐未央　汉　陕西西安汉长安城遗址　瓦当

长乐未央　汉　陕西西安汉长安城遗址　瓦当

长乐未央　汉　陕西西安汉长安城遗址　瓦当

长乐未央　汉　陕西西安汉长安城遗址　瓦当

长乐未央　汉　瓦当

长乐未央　汉　陕西西安汉长安城遗址　瓦当

长乐未央　汉　陕西西安汉长安城遗址　瓦当　　　　　　长乐未央　汉　陕西西安汉长安城遗址　瓦当

长乐未央　汉　瓦当　　　　　　　　　　　　　　　　长乐未央　汉　陕西西安汉长安城遗址　瓦当

长乐未央　汉　陕西西安汉长安城遗址　瓦当　　　　　　长乐未央　汉　陕西西安汉长安城遗址　瓦当

长乐未央　汉　陕西西安汉长安城遗址　瓦当

长乐未央　汉　陕西西安汉长安城遗址　瓦当

长乐未央　汉　陕西西安汉长安城遗址　瓦当

长乐未央　汉　陕西洛川黄章村　瓦当

长乐未央　汉　陕西　瓦当

长乐未央　汉　陕西西安汉长安城遗址　瓦当

长乐未央　汉　陕西　瓦当

长乐未央　汉　陕西鄠县槐芽镇赵家庄　瓦当

长乐未央　汉　瓦当

长乐未央　汉　陕西鄠县　瓦当

长乐未央延年永寿昌　汉　瓦当

克乐未央　汉　瓦当

安世万岁　汉　瓦当

常乐万岁　汉　瓦当

常乐万岁　新莽
福建崇安城村汉城遗址　瓦当

富贵万岁　汉　瓦当

富贵万岁　汉　瓦当

富贵万岁　汉　瓦当

寿昌万万岁 汉 瓦当

九世长乐 汉 陕西白水 瓦当

永年未央 汉 瓦当

永年未央 汉 瓦当

瓦当

文字当

吉语辞赋语

长乐万岁 汉 瓦当

长乐万岁 汉 陕西西安汉长安城遗址 瓦当

长乐万岁　汉　瓦当

万年未央　汉　瓦当

瓦当

文字当

吉语辞赋语

长生未央　汉　瓦当

长生未央　汉　瓦当

长生未央　汉　瓦当

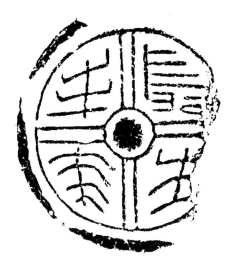

长生未央　汉　瓦当

长生未央　汉　瓦当

长生未央　汉　瓦当

长生未央　汉　瓦当

长生未央　汉　陕西西安汉长安城遗址　瓦当

长生未央　汉　陕西西安汉长安城遗址　瓦当

长生未央　汉　陕西西安汉长安城遗址　瓦当

瓦当

文字当

吉语辞赋语

长生未央　汉　陕西西安汉长安城遗址　瓦当

长生未央　汉　陕西西安汉长安城遗址　瓦当

长生未央　汉　陕西西安汉长安城遗址　瓦当

长生未央　汉　瓦当

长生未央　汉　陕西西安汉长安城遗址　瓦当

长生未央　汉　陕西西安汉长安城遗址　瓦当

长生未央　汉　陕西西安汉长安城遗址　瓦当

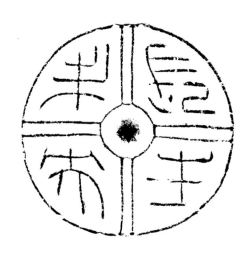

长生未央　汉　陕西西安汉长安城遗址　瓦当

长生未央　汉　陕西西安汉长安城遗址　瓦当

长生未央　汉　陕西西安汉长安城遗址　瓦当

长生未央　汉　陕西西安汉长安城遗址　瓦当

长生未央　汉　瓦当

乐未央　新莽　福建崇安城村汉城遗址　瓦当　　　　　　长生无极　汉　陕西西安汉长安城遗址　瓦当

瓦当

文字当

吉语辞赋语

长生无极　汉　陕西西安汉长安城遗址　瓦当　　　　　　长生无极　汉　陕西西安汉长安城遗址　瓦当

长生无极　汉　陕西西安汉长安城遗址　瓦当　　　　　　长生无极　汉　陕西西安　瓦当

长生无极　汉　陕西西安汉长安城遗址　瓦当

长生无极　汉　陕西西安　瓦当

长生无极　汉　瓦当

长生无极　汉　陕西西安　瓦当

长生无极　汉　陕西　瓦当

瓦当

文字当 吉语辞赋语

长生无极　汉　陕西　瓦当　　　　　　　长生无极　汉　陕西　瓦当

常生无极　新莽　陕西　瓦当　　　　　　常生无极　新莽　陕西　瓦当

常生无极　新莽　陕西　瓦当　　　　　　常生无极　新莽　陕西　瓦当

与天无极 汉 瓦当

与天无极 汉 瓦当

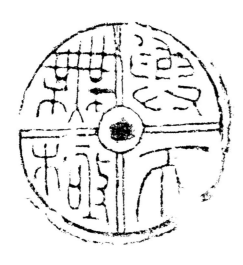

与天无极 汉 瓦当

与天无极 汉 陕西 瓦当

与天无极 汉 陕西西安汉长安城遗址 瓦当

与天无极 汉 陕西西安汉长安城遗址 瓦当

瓦当 文字当 吉语辞赋语

与天无极　汉　陕西西安汉长安城遗址　瓦当

与天无极　汉　陕西西安汉长安城遗址　瓦当

瓦当

文字当

吉语辞赋语

与天无极　汉　瓦当

与天无极　汉　瓦当

与天无极　汉　陕西鄠县　瓦当

与天毋极　汉　陕西鄠县　瓦当

与天毋极 汉 瓦当

与天毋极 汉 瓦当

与天毋极 汉 瓦当

与天毋极 汉 瓦当

与天毋极 汉 瓦当

瓦当

文字当

吉语辞赋语

与天毋极　汉　瓦当

亿年无疆　汉　陕西咸阳　瓦当

瓦当

文字当

吉语辞赋语

亿年无疆　汉　陕西咸阳　瓦当

亿年无疆　汉　陕西咸阳　瓦当

亿年无疆　汉　陕西咸阳　瓦当

亿年无疆　汉　陕西咸阳　瓦当

永奉无疆　汉　瓦当

永奉无疆　汉　陕西咸阳帝陵　瓦当

永奉无疆　汉　陕西咸阳帝陵　瓦当

永奉无疆　汉　陕西咸阳帝陵　瓦当

永奉无疆　汉　陕西咸阳帝陵　瓦当

永奉无疆　汉　陕西咸阳帝陵　瓦当

瓦当

文字当

吉语辞赋语

高安万世 汉 陕西咸阳帝陵 瓦当

高安万世 汉 陕西咸阳帝陵 瓦当

高安万世 汉 陕西咸阳帝陵 瓦当

高安万世 汉 陕西咸阳帝陵 瓦当

天地相方与民世世永安中正 汉
陕西兴平茂陵 瓦当

道德顺序 汉 陕西兴平茂陵 瓦当

屯泽流施　汉　陕西兴平茂陵　瓦当

屯泽流施　汉　陕西兴平茂陵　瓦当

光□□宇　汉　陕西兴平茂陵　瓦当

加气始降　汉　陕西兴平茂陵　瓦当

流远屯美　汉　陕西兴平茂陵　瓦当

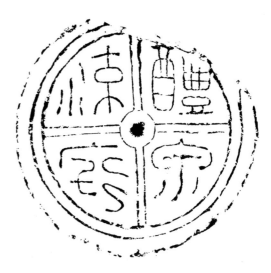

醴泉流庭　汉　陕西兴平茂陵　瓦当

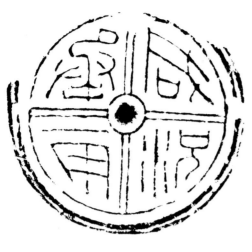

咸况承雨　汉　陕西兴平茂陵　瓦当

泱茫无垠　汉　陕西兴平茂陵　瓦当

神气咸宁　汉　陕西兴平茂陵　瓦当

万物咸成　汉　瓦当

万物咸成　汉　陕西西安汉长安城遗址　瓦当

四极咸依　汉　瓦当

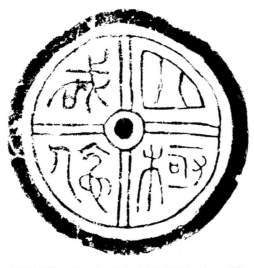

四极咸依 汉　陕西西安汉长安城遗址　瓦当

涌泉混流 汉　瓦当

涌泉混流 汉　陕西西安汉长安城遗址　瓦当

加露沼沫 汉　陕西西安汉长安城遗址　瓦当

永保国阜 汉　瓦当

永保国阜 汉　陕西　瓦当

瓦当　文字当　吉语辞赋语

189

游骋无穷　汉　陕西兴平茂陵　瓦当

永承大灵　汉　瓦当

瓦当

文字当 吉语辞赋语

延寿万岁　汉　瓦当

延寿万岁　汉　陕西西安汉长安城遗址　瓦当

延寿万岁　汉　陕西西安汉长安城遗址　瓦当

延寿万岁　汉　陕西西安汉长安城遗址　瓦当

延寿长久 汉 陕西西安汉长安城遗址 瓦当

延寿长久 汉 陕西西安汉长安城遗址 瓦当

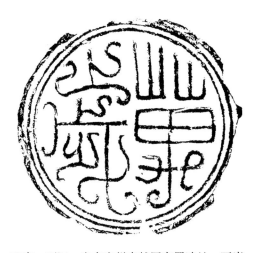

万岁 西汉 广东广州南越国宫署遗址 瓦当

万岁 西汉 广东广州南越国宫署遗址 瓦当

万岁 西汉 广东广州南越国宫署遗址 瓦当

万岁 西汉 广东广州南越国宫署遗址 瓦当

万岁 西汉 广东广州南越国宫署遗址 瓦当

万岁 西汉 广东广州南越国宫署遗址 瓦当

万岁 汉 陕西西安汉长安城遗址 瓦当

万岁 汉 陕西西安汉长安城遗址 瓦当

万岁 汉 陕西 瓦当

万岁 汉 陕西西安汉长安城遗址 瓦当

万岁 汉 瓦当

万岁万岁 汉 瓦当

万岁未央 汉 瓦当

万岁未央 汉 瓦当

万岁未央 汉 瓦当

万岁未央 汉 陕西西安汉长安城遗址 瓦当

瓦当

文字当

吉语辞赋语

长生吉利　汉　瓦当

富贵　汉　瓦当

富贵万岁　汉　陕西　瓦当

富贵万岁　汉　陕西　瓦当

富贵万岁　汉　陕西　瓦当

富贵万岁　汉　瓦当

安乐富贵　汉　安徽阜阳　瓦当

安乐富贵　汉　瓦当

长乐富贵　汉　瓦当

富贵宜昌　汉　瓦当

富贵毋央　汉　瓦当

富贵毋央　汉　瓦当

方春富贵 汉 瓦当

并是富贵 汉 瓦当

千金宜富贵当 汉 瓦当

千金宜富贵当 汉 瓦当

千金宜富贵当 汉 瓦当

百万石仓 汉 瓦当

万岁富贵宜子孙也 汉 山东 瓦当　　　　　　**万岁富贵宜子孙也** 汉 山东临淄齐国故城遗址 瓦当

千岁 汉 瓦当　　　　　　　　　　千秋卫乐 汉 瓦当

千利万岁 汉 山东临淄 瓦当　　　　　　　　千利万岁 汉 瓦当

千利万岁　汉　瓦当

万岁毋央　汉　瓦当

千秋利君长延年　汉　瓦当

千秋利君　汉　瓦当

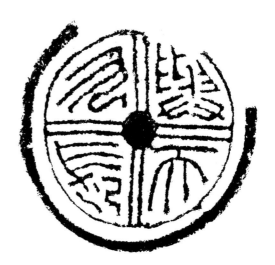

与天久长　汉　瓦当

与地相长　汉　瓦当

长生吉利　汉　瓦当

长生吉利　汉　瓦当

长乐毋亟常安居　汉　瓦当

长毋相忘　汉　陕西淳化董家村　瓦当

长生乐哉　汉　陕西西安汉长安城遗址　瓦当

瓦当　文字当　吉语辞赋语

永保子孙　汉　瓦当

永保千秋　汉　瓦当

宜钱金当　汉　瓦当

吉羊宜宫　汉
山东临淄齐国故城桓公台遗址　瓦当

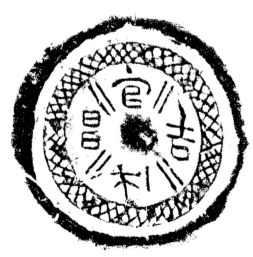

吉昌利官　汉　瓦当

大吉五五　汉　瓦当

大吉君王　汉　瓦当

大吉万岁　汉　瓦当

大吉日利　汉　河北易县　瓦当

常乐日利　汉　瓦当

富昌未央　汉　瓦当

富昌未央　汉　瓦当

瓦当　文字当　吉语辞赋语

长乐万世　汉　瓦当

春林万岁　汉　山东临淄齐国故城遗址　瓦当

乐天久长　汉　瓦当

大宜子孙　汉　瓦当

乐哉万岁　汉　瓦当

吉月照灯　汉　瓦当

吉月照灯 汉 瓦当

吉月照登 汉 瓦当

利昌未央 汉 瓦当

安乐未央 汉 瓦当

君王□□ 汉 瓦当

寿老无极 汉 瓦当

富易□□ 汉 瓦当

气未相世 汉 瓦当

四季平安 汉 瓦当

鲜神所食 汉 瓦当

无极 汉 瓦当

无极 汉 陕西西安汉长安城遗址 瓦当

日乐富昌　汉　陕西渭南辛市镇太夫张村　瓦当

宜子孙当　汉　瓦当

万有熹　汉　瓦当

万世　汉　瓦当

万秋　汉　瓦当

大富　汉　陕西　瓦当

大富 汉 陕西华阴华仓遗址 瓦当

寿 汉 瓦当

以为良人有以 汉 瓦当

天福 汉 瓦当

永隆 汉 瓦当

安定彭阳 汉 甘肃镇原 瓦当

利央 汉 瓦当

大 汉 陕西 瓦当

荣 汉 陕西渭南 瓦当

无 汉 陕西 瓦当

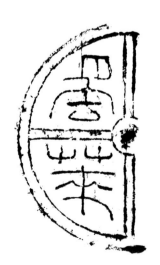

□莱 汉 瓦当

什肆厕当 汉 瓦当

鹤云纹 汉 瓦当

鹤云纹 汉 瓦当

鹤云纹 汉 瓦当

凤云纹 汉 瓦当

嘉禾纹 汉 陕西 瓦当

轮辐云纹 汉 瓦当

轮辐云纹　汉　瓦当

云纹　汉　陕西　瓦当

云纹　汉　陕西　瓦当

云纹　汉　陕西　瓦当

云纹　汉　瓦当

云纹　汉　陕西　瓦当

瓦
当

纹饰
当

瓦当

纹饰当

云纹　汉　陕西淳化董家村　瓦当

云纹　汉　瓦当

云纹　汉　瓦当

云纹　汉　陕西周至竹园头村长杨宫遗址　瓦当

云纹　汉　陕西淳化云陵　瓦当

云纹　汉　瓦当

云纹 汉 陕西 瓦当

云纹 汉 陕西西安汉长安城遗址 瓦当

云纹 汉 陕西 瓦当

云纹 汉 陕西西安汉长安城遗址 瓦当

云纹 汉 陕西华阴华仓遗址 瓦当

云纹 汉 陕西西安汉长安城遗址 瓦当

云纹 汉 陕西 瓦当

云纹 汉 陕西 瓦当

云纹 汉 陕西 瓦当

云纹 汉 瓦当

云纹 汉 陕西 瓦当

云纹 汉 瓦当

云纹　汉　陕西　瓦当

云纹　汉　陕西　瓦当

云纹　汉　陕西安康　瓦当

云纹　汉　陕西　瓦当

瓦当

纹饰当

云纹　西汉　广东广州南越国宫署遗址　瓦当

云纹　汉　瓦当

瓦当

纹饰当

云纹 汉 瓦当

云纹 汉 瓦当

云纹 汉 陕西咸阳 瓦当

云纹 汉 瓦当

网云纹 汉 陕西西安曹家堡 瓦当

网云纹 汉 瓦当

桃云纹 汉 瓦当

乳云纹 汉 瓦当

勾云纹 汉 瓦当

叶云纹 汉 瓦当

叶云纹 汉 瓦当

树云纹 汉 陕西西安汉长安城遗址 瓦当

星纹 汉 陕西 瓦当

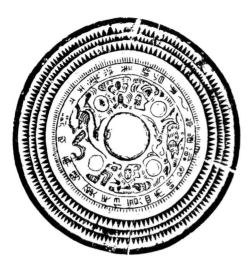

奚氏铭神人瑞兽画像镜

东汉　安徽潜山　铜镜

龙氏铭西王母东王公龙虎画像镜

东汉　上海博物馆藏　铜镜

袁氏铭西王母东王公龙虎画像镜

东汉　《古镜图录》（卷中）　铜镜

袁氏铭西王母东王公瑞兽画像镜

东汉　陕西西安　铜镜

张氏铭西王母东王公车马画像镜

东汉　《古镜图录》（卷中）　铜镜

郑氏铭西王母东王公百戏乐舞画像镜

东汉　湖南长沙　铜镜

蔡氏铭车马神人神兽画像镜　东汉
河南洛阳东汉墓　铜镜

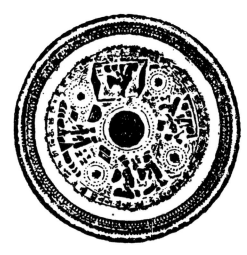

骀氏铭吴王伍子胥画像镜　东汉　江苏邗江　铜镜

仙人瑞兽画像镜　东汉　铜镜

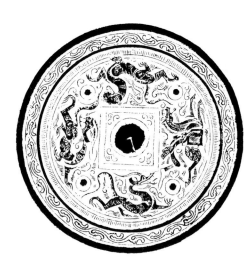

仙人骑马龙虎画像镜　东汉　浙江绍兴　铜镜

神人百戏画像镜　东汉　山东邹城　铜镜

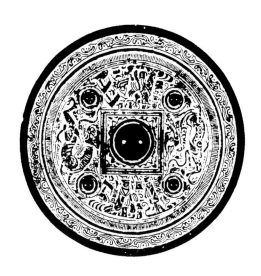

西王母东王公四乳画像镜　东汉
上海博物馆藏　铜镜

铜镜

画像镜

西王母东王公车马画像镜　东汉　浙江绍兴　铜镜

西王母东王公车马画像镜　东汉　浙江绍兴　铜镜

西王母东王公车马画像镜　东汉
辽宁省博物馆藏　铜镜

西王母东王公车马画像镜　东汉
辽宁省博物馆藏　铜镜

西王母东王公车马神兽画像镜
东汉　浙江安吉　铜镜

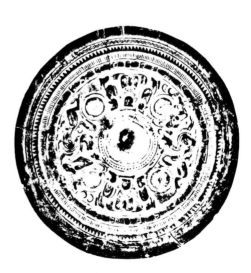

西王母东王公龙虎画像镜　东汉　安徽潜山　铜镜

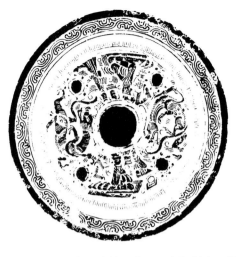

西王母东王公龙虎画像镜　东汉　浙江绍兴　铜镜

西王母东王公龙虎画像镜　东汉　湖北荆门　铜镜

西王母东王公瑞兽画像镜　东汉　河南南阳　铜镜

龙虎羽人画像镜　汉　《古镜图录》（卷中）　铜镜

神兽画像镜　东汉　浙江绍兴漓渚　铜镜

神兽画像镜　东汉　浙江安吉　铜镜

龙虎画像镜　东汉　北京故宫博物院藏　铜镜　　　　重列式神兽画像镜　东汉　北京故宫博物院藏　铜镜

瑞兽画像镜　东汉　江苏扬州　铜镜　　　　龙虎瑞兽乘骑画像镜　东汉　浙江绍兴　铜镜

龙虎瑞兽画像镜　东汉　上海博物馆藏　铜镜　　　　龙虎瑞兽画像镜　东汉　上海博物馆藏　铜镜

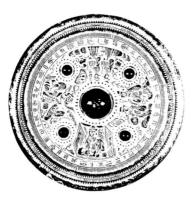

吴王伍子胥画像镜　东汉

上海博物馆藏　铜镜

吴王伍子胥画像镜

东汉　传浙江绍兴出土　上海博物馆藏　铜镜

人物鸟兽画像镜　东汉　北京故宫博物院藏　铜镜

车马人物画像镜　东汉　北京故宫博物院藏　铜镜

环带人物画像镜　东汉　铜镜

抚琴跳舞画像镜　东汉　北京故宫博物院藏　铜镜

人物舞乐画像镜　东汉　山东济宁　铜镜

人物画像镜　西汉　江苏徐州　铜镜

铜镜

画像镜

始建国天凤二年（15）铭规矩四神纹镜　新莽
上海博物馆藏　铜镜

始建国天凤二年（15）铭规矩禽兽纹镜　新莽　铜镜

永和元年（136）铭镜　东汉　北京故宫博物院藏　铜镜

永寿三年（157）铭兽面四叶纹镜　东汉　铜镜

永康元年（167）铭方枚神兽镜　东汉　铜镜

建宁元年（168）铭变形四叶兽首纹镜　东汉
河南南阳博物馆藏　铜镜

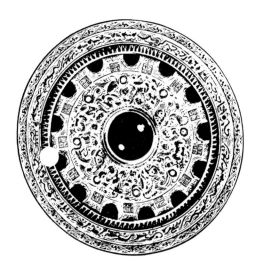

熹平元年（172）铭镜　东汉　北京故宫博物院藏　铜镜

中平四年（187）铭半圆方枚神人神兽纹镜　东汉
上海博物馆藏　铜镜

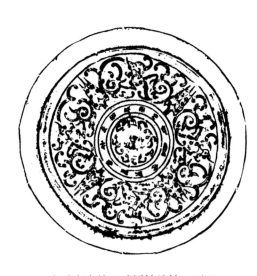

建安十年（205）铭神兽纹镜　东汉　铜镜

大乐贵富铭四叶蟠螭纹镜　西汉
湖南长沙子弹库汉墓　铜镜

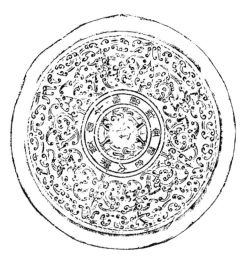

大乐贵富铭四叶蟠螭纹镜　西汉　铜镜

大乐贵富铭规矩蟠螭纹镜　西汉
河北满城西汉墓　铜镜

毋相忘铭蟠螭纹镜　西汉　广东广州汉墓　铜镜

毋忘铭规矩蟠龙草叶纹镜　西汉　四川成都汉墓　铜镜

铜镜

铭文镜

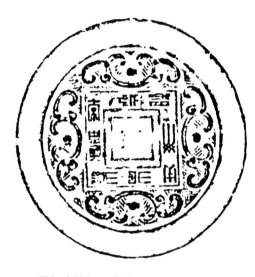

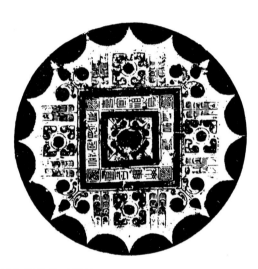

毋相忘铭规矩花草纹镜　西汉　铜镜

日有熹铭草叶纹镜　西汉　河北满城西汉墓　铜镜

日有熹铭草叶纹镜　西汉　铜镜

昭明铭连弧纹镜　西汉　江苏扬州　铜镜

昭明清白重圈铭文镜　西汉　江苏盱眙　铜镜

昭明铭镜　东汉　北京故宫博物院藏　铜镜

见日之光铭规矩四乳兽纹镜　西汉　铜镜

见日之光铭规矩草叶纹镜　西汉　铜镜

见日之明铭镜　西汉　北京故宫博物院藏　铜镜

日光铭连弧纹镜　西汉　江苏扬州　铜镜

铜镜　铭文镜

和好铭七乳禽兽纹镜　东汉
江西南昌东汉墓　铜镜

长宜子孙铭变形四叶双凤纹镜　东汉
河南洛阳　铜镜

长宜子孙铭锦带纹镜　东汉　铜镜

长宜子孙铭连弧云雷纹镜　东汉
河南洛阳　铜镜

长宜子孙铭四叶龙虎纹镜　东汉　铜镜

长宜子孙铭四叶龙纹镜　东汉　铜镜

君宜高官长宜子孙铭双夔纹镜
东汉　河南洛阳烧沟　铜镜

君宜高官长宜子孙铭双夔纹镜
汉　《古镜图录》（卷下）　铜镜

长富铭夔凤纹镜　东汉　河南南阳　铜镜

鸟书铭镜　西汉　北京故宫博物院藏　铜镜

吾作明镜铭镜　东汉　北京故宫博物院藏　铜镜

王氏昭铭镜　新莽　北京故宫博物院藏　铜镜

铜镜

铭文镜

侯氏铭七乳禽兽纹镜　东汉
湖南长沙东汉墓　铜镜

阴氏铭镜　东汉　北京故宫博物院藏　铜镜

长生未央铭镜　西汉　北京故宫博物院藏　铜镜

宜酒食铭镜　东汉　北京故宫博物院藏　铜镜

富贵昌铭规矩禽兽纹镜　新莽　铜镜

汉有善铜铭规矩仙人禽兽纹镜　东汉　铜镜

上有仙人铭规矩四神纹镜　东汉　铜镜

铜华铭连弧纹镜　西汉　上海博物馆藏　铜镜

尚方铭镜　东汉　北京故宫博物院藏　铜镜

位至三公铭四叶纹镜　东汉　铜镜

位至三公铭四叶纹镜　东汉　铜镜

连弧缘四螭纹镜　西汉　四川成都　铜镜

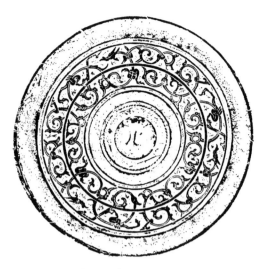

叠压蟠螭纹镜　西汉
湖南长沙马王堆1号汉墓　铜镜

铜镜

纹饰镜

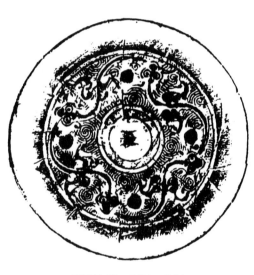

蟠螭纹镜　西汉　铜镜

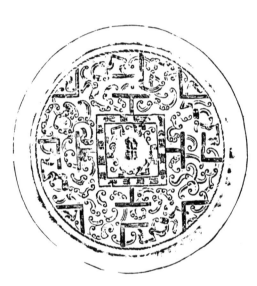

蟠螭纹镜　西汉　铜镜

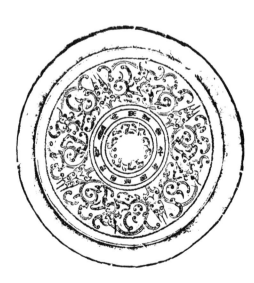

蟠螭纹镜　西汉　铜镜

蟠螭纹镜　西汉　铜镜

规矩四神纹镜　新莽　铜镜

规矩四神纹镜　新莽　铜镜

规矩四神纹镜　新莽　铜镜

规矩四神纹镜　新莽　铜镜

规矩四神纹镜　新莽　铜镜

规矩四神纹镜　新莽　铜镜

规矩四神纹镜　东汉　铜镜

规矩四神纹镜　东汉　铜镜

铜镜

纹饰镜

规矩四神纹镜　汉　河南洛阳　铜镜

规矩禽兽纹镜　新莽　铜镜

规矩禽兽纹镜　东汉　铜镜

规矩仙人禽兽纹镜　东汉　铜镜

规矩仙人禽兽纹镜　东汉　铜镜

规矩仙人禽兽纹镜　东汉　铜镜

规矩兽纹镜　新莽　铜镜

规矩鸟纹镜　东汉　铜镜

禽兽纹简化规矩纹镜　西汉
河南洛阳西汉墓　铜镜

四乳简化规矩纹镜　东汉
河南洛阳东汉墓　铜镜

多圈带禽兽规矩纹镜　汉　上海博物馆藏　铜镜

盘龙纹镜　东汉　广东广州　铜镜

龙纹镜　西汉　铜镜

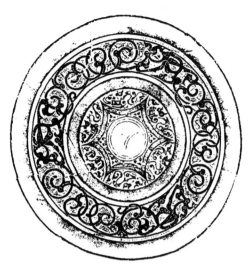

龙纹镜　西汉　铜镜

铜镜

纹饰镜

龙纹镜　西汉　铜镜

龙纹镜　东汉　铜镜

龙纹镜　东汉　铜镜

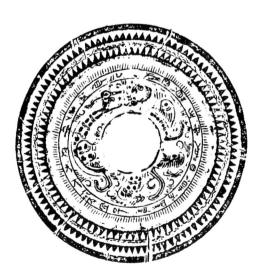

龙纹镜　东汉　铜镜

龙纹镜　东汉　铜镜

龙纹镜　东汉　铜镜

方连龙纹镜　西汉　铜镜

方连龙纹镜　西汉　铜镜

云龙纹镜　西汉　铜镜

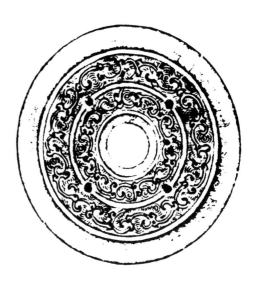

云龙纹镜　西汉　铜镜

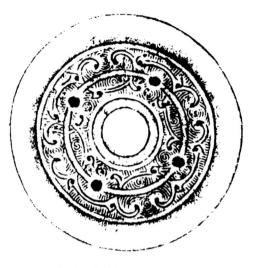

变形云龙纹镜　西汉　铜镜

变形云龙纹镜　西汉　铜镜

铜镜

纹饰镜

山字龙纹镜　西汉　铜镜

变形四叶龙纹镜　东汉

湖南长沙蓉园东汉墓　铜镜

龙虎座环带禽兽纹镜　东汉　铜镜

龙虎座环带禽兽纹镜　东汉　铜镜

四乳四虺纹镜　西汉　广东广州　铜镜

凤纹镜　西汉　铜镜

虎纹镜　东汉　铜镜

环带四神纹镜　新莽　铜镜

环带四神纹镜　新莽　铜镜

环带四神纹镜　东汉　铜镜

铜镜

纹饰镜

环带四神纹镜　东汉　铜镜

环带变形四神纹镜　东汉　铜镜

S纹镜　西汉　铜镜

星云纹镜　西汉　上海博物馆藏　铜镜

百乳纹镜　西汉　铜镜

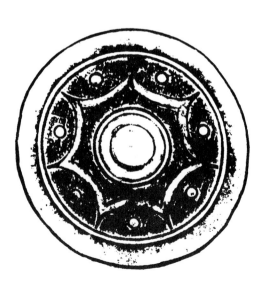

连弧纹镜　西汉　铜镜

鸟纹镜　西汉　铜镜

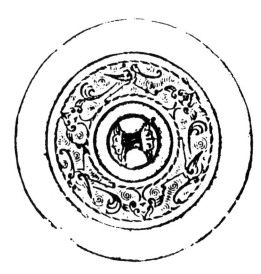

鸟纹镜　西汉　铜镜

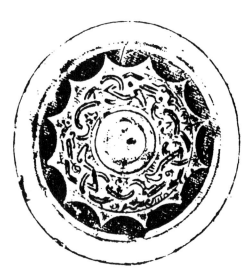

方连鸟纹镜　西汉　铜镜

环带鸟纹镜　新莽　铜镜

四乳鸟纹镜　西汉　铜镜

四叶龙凤纹镜　西汉　广东广州南越王墓　铜镜

四叶龙凤纹镜　西汉　广东广州南越王墓　铜镜

对鸟四叶纹镜　东汉　铜镜

鸟兽捕鱼纹镜　东汉　北京故宫博物院藏　铜镜

兽面四叶纹镜　东汉　铜镜

变形四叶纹镜　东汉　北京故宫博物院藏　铜镜

变形四叶八弧纹镜　东汉　北京故宫博物院藏　铜镜

变形四叶兽首纹镜　东汉　北京故宫博物院藏　铜镜

山字兽纹镜　西汉　铜镜

禽兽纹镜　新莽　铜镜

禽兽纹镜　西汉　铜镜

环带禽兽纹镜　新莽　铜镜

环带禽兽纹镜　新莽　铜镜

铜镜

纹饰镜

铜镜

纹饰镜

环带禽兽纹镜　东汉　铜镜

环带禽兽纹镜　东汉　铜镜

环带禽兽纹镜　东汉　铜镜

仙人禽兽纹镜　西汉　铜镜

环带仙人禽兽纹镜　新莽　铜镜

环带仙人禽兽纹镜　新莽　铜镜

环带仙人禽兽纹镜　新莽　铜镜

环带仙人禽兽纹镜　东汉　铜镜

神仙博局纹镜　东汉　北京故宫博物院藏　铜镜

龙虎纹镜　东汉　铜镜

四乳花草纹镜　西汉　铜镜

简化规矩纹镜　新莽　铜镜

连弧缘四叶纹镜　西汉　铜镜

几何纹镜　西汉　铜镜

彩绘人物纹镜　西汉　陕西西安　铜镜

四乳四螭纹镜　西汉　北京故宫博物院藏　铜镜

七乳禽兽纹镜　东汉　铜镜

四乳龙虎纹镜　西汉　铜镜

四乳禽兽纹镜　西汉　铜镜

四乳四神纹镜　西汉　铜镜

龙　西汉　铜镜

龙　西汉　铜镜

龙（环带四神纹镜局部）　新莽　铜镜

龙（环带仙人禽兽纹镜局部）　新莽　铜镜

龙（规矩四神纹镜局部）　新莽　铜镜

龙　新莽　铜镜

龙（环带禽兽纹镜局部）　新莽　铜镜

龙　新莽　铜镜

龙　新莽　铜镜

龙　新莽　铜镜

铜镜

铜镜图像

龙

龙　新莽　铜镜

龙　新莽　铜镜

龙　新莽　铜镜

龙　新莽　铜镜

龙　新莽　铜镜

龙　东汉　铜镜

龙　东汉　铜镜

龙　东汉　铜镜

龙（仙人骑马龙虎画像镜局部）　东汉
浙江绍兴　铜镜

龙　东汉　铜镜

龙　东汉　铜镜

龙　东汉　铜镜

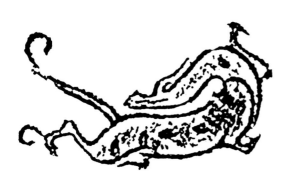

龙　东汉　铜镜

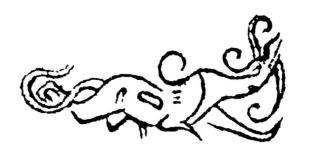

龙　东汉　铜镜

龙 东汉 铜镜

龙 东汉 铜镜

龙 东汉 铜镜

龙 东汉 铜镜

龙 东汉 铜镜

龙 东汉 铜镜

龙 东汉 铜镜

龙 东汉 铜镜

龙　东汉　铜镜

龙　东汉　铜镜

龙　东汉　铜镜

龙　东汉　铜镜

铜镜

铜镜图像

龙

龙　东汉　铜镜

龙　东汉　铜镜

龙　东汉　铜镜

龙　东汉　铜镜

铜镜

铜镜图像

龙

龙　东汉　铜镜

龙　东汉　铜镜

龙　东汉　铜镜

龙　东汉　铜镜

龙（龙纹镜局部）　东汉　铜镜

龙（龙虎画像镜局部）　东汉
北京故宫博物院藏　铜镜

白虎　西汉　铜镜

白虎　西汉　铜镜

白虎　西汉　铜镜

白虎（环带禽兽纹镜局部）　新莽　铜镜

白虎（禽兽纹镜局部）　新莽　铜镜

白虎　新莽　铜镜

白虎（环带仙人禽兽纹镜局部）　新莽　铜镜

白虎　新莽　铜镜

铜镜

铜镜图像

虎

白虎（环带仙人禽兽纹镜局部） 新莽 铜镜

白虎 新莽 铜镜

铜镜

铜镜图像

虎

白虎 新莽 铜镜

白虎（环带四神纹镜局部） 新莽 铜镜

白虎 新莽 铜镜

白虎（环带四神纹镜局部） 新莽 铜镜

白虎 新莽 铜镜

白虎 新莽 铜镜

白虎　新莽　铜镜

白虎　新莽　铜镜

白虎　新莽　铜镜

白虎　新莽　铜镜

白虎　新莽　铜镜

白虎　东汉　铜镜

白虎　新莽　铜镜

白虎　新莽　铜镜

白虎　东汉　铜镜

白虎　东汉　铜镜

白虎　东汉　铜镜

白虎　东汉　铜镜

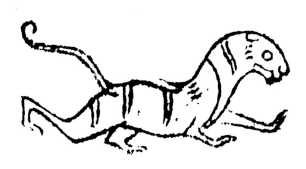

白虎　东汉　铜镜

白虎　东汉　铜镜

白虎　东汉　铜镜

白虎　东汉　铜镜

白虎　东汉　铜镜

白虎　东汉　铜镜

白虎　东汉　铜镜

白虎　东汉　铜镜

白虎　东汉　铜镜

白虎　东汉　铜镜

白虎　东汉　铜镜

白虎　东汉　铜镜

白虎　东汉　铜镜

白虎　东汉　铜镜

白虎　东汉　铜镜

白虎　东汉　铜镜

虎（虎纹镜局部）　东汉　铜镜

虎（瑞兽画像镜局部）　东汉　江苏扬州　铜镜

虎（龙虎画像镜局部）　东汉
北京故宫博物院藏　铜镜

凤鸟（凤鸟纹镜局部） 西汉 铜镜

朱雀 西汉 铜镜

朱雀 西汉 铜镜

朱雀（规矩四神纹镜局部） 新莽 铜镜

朱雀 西汉 铜镜

朱雀 西汉 铜镜

朱雀 西汉 铜镜

朱雀 西汉 铜镜

朱雀　新莽　铜镜

朱雀　新莽　铜镜

铜镜

铜镜图像

朱雀凤鸟

朱雀　新莽　铜镜

朱雀　新莽　铜镜

朱雀　新莽　铜镜

朱雀　新莽　铜镜

朱雀　新莽　铜镜

朱雀　新莽　铜镜

朱雀　新莽　铜镜

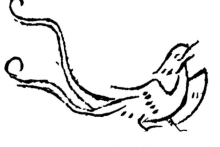

朱雀　新莽　铜镜

朱雀　新莽　铜镜

朱雀　新莽　铜镜

朱雀　新莽　铜镜

朱雀　新莽　铜镜

朱雀　东汉　铜镜

朱雀　东汉　铜镜

铜镜

铜镜图像

朱雀凤鸟

朱雀　东汉　铜镜

铜镜

铜镜图像

朱雀凤鸟

朱雀　东汉　铜镜

朱雀　东汉　铜镜

朱雀　东汉　铜镜

朱雀　东汉　铜镜

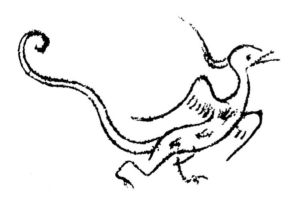

朱雀　东汉　铜镜

朱雀　东汉　铜镜

朱雀　东汉　铜镜

朱雀　东汉　铜镜

朱雀　东汉　铜镜

朱雀　东汉　铜镜

朱雀　东汉　铜镜

朱雀　东汉　铜镜

朱雀　东汉　铜镜

朱雀　东汉　铜镜

铜镜

铜镜图像

朱雀凤鸟

朱雀　东汉　铜镜

朱雀　东汉　铜镜

朱雀　东汉　铜镜

朱雀　东汉　铜镜

铜镜

铜镜图像

朱雀凤鸟

朱雀　东汉　铜镜

朱雀　东汉　铜镜

朱雀　东汉　铜镜

朱雀　东汉　铜镜

朱雀（规矩禽兽纹镜局部） 新莽 铜镜　　　　朱雀（规矩四神纹镜局部） 新莽 铜镜

朱雀（环带四神纹镜局部） 新莽 铜镜　　　朱雀灵芝（规矩四神纹镜局部） 新莽 铜镜

铜镜

铜镜图像

朱雀凤鸟

朱雀 东汉 铜镜

玄武（环带仙人禽兽纹镜局部）新莽 铜镜

玄武 新莽 铜镜

玄武 新莽 铜镜

玄武 新莽 铜镜

玄武 新莽 铜镜

玄武 新莽 铜镜

玄武 新莽 铜镜

玄武 新莽 铜镜

玄武 新莽 铜镜

玄武 东汉 铜镜

玄武 东汉 铜镜

玄武 东汉 铜镜

玄武 东汉 铜镜

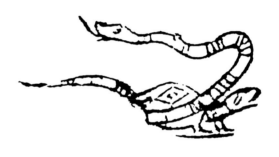

玄武 东汉 铜镜

玄武 东汉 铜镜

玄武 东汉 铜镜

玄武 东汉 铜镜

玄武（规矩四神纹镜局部） 新莽 铜镜

铜镜

铜镜图像 玄武

榜题　吴王（吴王伍子胥画像镜局部）　东汉　铜镜

榜题　忠臣伍子胥（吴王伍子胥画像镜局部）　东汉　铜镜

榜题　越王　范蠡（吴王伍子胥画像镜局部）　东汉　铜镜

榜题　王女二人（西施、郑旦）（吴王伍子胥画像镜局部）　东汉　铜镜

袖舞　东汉　铜镜

袖舞　东汉　铜镜

舞乐百戏　东汉　铜镜

持节人物　东汉　铜镜

人物故事　东汉　铜镜

人物（车马人物画像镜局部）　东汉
北京故宫博物院藏　铜镜

人物（车马人物画像镜局部）　东汉
北京故宫博物院藏　铜镜

铜镜

铜镜图像　人物故事

人物　东汉　铜镜

人物　东汉　铜镜

人物　东汉　铜镜

拜谒　东汉　铜镜

乘骑（仙人骑马龙虎画像镜局部） 东汉 浙江绍兴 铜镜

车马（蔡氏铭车马神人神兽画像镜局部） 东汉
河南洛阳东汉墓 铜镜

车马 东汉 铜镜

车马（车马人物画像镜局部） 东汉
北京故宫博物院藏 铜镜

车马（车马人物画像镜局部） 东汉
北京故宫博物院藏 铜镜

榜题　东王公　东汉　铜镜

榜题　东王公（蔡氏铭车马神人神兽画像镜局部）　东汉　河南洛阳东汉墓　铜镜

东王公　东汉　铜镜

铜镜

铜镜图像
神仙

榜题　西王母　玉女侍　东汉　铜镜

榜题　西王母（蔡氏铭车马神人神兽画像镜局部）　东汉　河南洛阳东汉墓　铜镜

西王母　东汉　铜镜

西王母境（神仙博局纹镜局部）　东汉　北京故宫博物院藏　铜镜

西王母　新莽　铜镜　　　　　　　　　　　西王母　新莽　铜镜

仙人　西汉　铜镜

仙人　新莽　铜镜

铜镜

铜镜图像 神仙

仙人　新莽　铜镜

仙人　新莽　铜镜

仙人　新莽　铜镜

仙人　新莽　铜镜

仙人　新莽　铜镜

仙人　东汉　铜镜

仙人　新莽　铜镜

仙人　新莽　铜镜

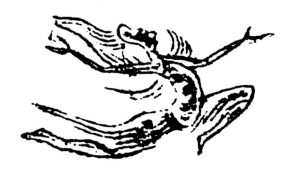

仙人　东汉　铜镜

仙人　东汉　铜镜

仙人　东汉　铜镜

仙人　东汉　铜镜

铜镜

铜镜图像

神仙

仙人　东汉　铜镜

仙人　东汉　铜镜

仙人　东汉　铜镜

仙人　东汉　铜镜

仙人　东汉　铜镜

仙人　东汉　铜镜

仙人　东汉　铜镜

仙人　东汉　铜镜

仙人　东汉　铜镜

仙人　东汉　铜镜

仙人　东汉　铜镜

仙人　东汉　铜镜

仙人　东汉　铜镜

仙人　东汉　铜镜

仙人骑神兽　东汉　铜镜

仙人骑神兽　新莽　铜镜　　　　　　仙人骑神兽　东汉　铜镜

仙人骑鹿　新莽　铜镜　　　　　　　仙人骑鹿　新莽　铜镜

仙人骑鹿　新莽　铜镜

仙人博戏　东汉　铜镜

仙人御龙　东汉　铜镜

仙人骑神兽　新莽　铜镜

仙人骑神兽　东汉　铜镜

仙人骑神兽　东汉　铜镜

仙人骑神兽　东汉　铜镜

羽人（规矩四神纹镜局部）　新莽　铜镜

羽人（规矩四神纹镜局部）　新莽　铜镜

羽人（环带仙人禽兽纹镜局部） 新莽 铜镜

仙人戏神兽 东汉 铜镜

仙人戏神兽 东汉 铜镜

仙人御虎 东汉 铜镜

羽人御虎（仙人骑马龙虎画像镜局部） 东汉 浙江绍兴 铜镜

仙人御龙 东汉 铜镜

仙人御凤 东汉 铜镜

羽人射虎（神仙博局纹镜局部） 东汉 北京故宫博物院藏 铜镜

羽人御鹤（神仙博局纹镜局部） 东汉 北京故宫博物院藏 铜镜

羽人御鱼（神仙博局纹镜局部） 东汉 北京故宫博物院藏 铜镜

豹 西汉 铜镜

豹 东汉 铜镜

豹（仙人骑马龙虎画像镜局部） 东汉
浙江绍兴 铜镜

豹 新莽 铜镜

蟾蜍　新莽　铜镜

蟾蜍　新莽　铜镜

蟾蜍　新莽　铜镜

蟾蜍　新莽　铜镜

蟾蜍　新莽　铜镜

独角兽（麒麟） 新莽 铜镜

独角兽（麒麟） 新莽 铜镜

独角兽（麒麟） 新莽 铜镜

独角兽（麒麟） 新莽 铜镜

独角兽（麒麟） 新莽 铜镜

独角兽（麒麟） 东汉 铜镜

铜镜

铜镜图像 祥禽瑞兽

独角兽（麒麟） 东汉 铜镜

独角兽（麒麟） 东汉 铜镜

独角兽（麒麟） 东汉 铜镜

独角兽（麒麟） 东汉 铜镜

独角兽（麒麟） 东汉 铜镜

独角兽（麒麟） 东汉 铜镜

独角兽（麒麟） 东汉 铜镜

独角兽（麒麟） 东汉 铜镜

独角兽（麒麟） 东汉 铜镜

独角兽（麒麟） 东汉 铜镜

独角兽（麒麟） 东汉 铜镜

独角兽（麒麟） 东汉 铜镜

独角兽（麒麟）（规矩四神纹镜局部） 新莽 铜镜

独角兽（麒麟） 东汉 铜镜

九尾狐 东汉 铜镜

九尾狐　东汉　铜镜

九尾狐　新莽　铜镜

金乌　东汉　铜镜

飞鸟　东汉　铜镜

吉羊　西汉　铜镜

鹿　西汉　铜镜

鹿（瑞兽画像镜局部）　东汉　江苏扬州　铜镜

瑞兽 西汉 铜镜

瑞兽 西汉 铜镜

瑞兽 西汉 铜镜

瑞兽 西汉 铜镜

瑞兽 西汉 铜镜

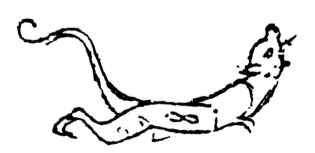

瑞兽 新莽 铜镜

瑞兽 新莽 铜镜

瑞兽 新莽 铜镜

瑞兽 新莽 铜镜

瑞兽 新莽 铜镜

瑞兽 新莽 铜镜

瑞兽 新莽 铜镜

瑞兽 新莽 铜镜

瑞兽 新莽 铜镜

瑞兽 新莽 铜镜

铜镜

铜镜图像

祥禽瑞兽

瑞兽 新莽 铜镜

瑞兽 新莽 铜镜

瑞兽 新莽 铜镜

瑞兽 新莽 铜镜

瑞兽 新莽 铜镜

瑞兽 东汉 铜镜

瑞兽 东汉 铜镜

瑞兽 东汉 铜镜

瑞兽　东汉　铜镜

瑞兽　东汉　铜镜

瑞兽　东汉　铜镜

瑞兽　东汉　铜镜

瑞兽　东汉　铜镜

瑞兽　东汉　铜镜

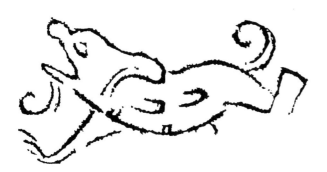

瑞兽　东汉　铜镜

瑞兽　东汉　铜镜

瑞兽　东汉　铜镜

瑞兽　东汉　铜镜

铜镜

铜镜图像

祥禽瑞兽

瑞兽　东汉　铜镜

瑞兽　东汉　铜镜

瑞兽　东汉　铜镜

瑞兽（环带禽兽纹镜局部）　新莽　铜镜

瑞兽（环带禽兽纹镜局部）　新莽　铜镜

三足神禽（环带仙人禽兽纹镜局部）　新莽　铜镜

三足乌　新莽　铜镜

神猴（禽兽纹镜局部）　新莽　铜镜

神鹿（环带仙人禽兽纹镜局部）　新莽　铜镜

神鹿（始建国天凤二年铭规矩禽兽纹镜局部）　新莽　铜镜

神牛　东汉　铜镜

神禽（环带仙人禽兽纹镜局部）　新莽　铜镜

铜镜

铜镜图像

祥禽瑞兽

神禽（禽兽纹镜局部）　新莽　铜镜

神羊（环带四神纹镜局部）　新莽　铜镜

神异　新莽　铜镜

神异　新莽　铜镜

双兽（蔡氏铭车马神人神兽画像镜局部）　东汉

河南洛阳东汉墓　铜镜

神异（环带禽兽纹镜局部）　新莽　铜镜

神异　新莽　铜镜

双鱼　东汉　铜镜

仙鹿　新莽　铜镜

仙鹿　东汉　铜镜

仙鹿　东汉　铜镜

仙鹿　东汉　铜镜

仙鹿　东汉　铜镜

象（瑞兽画像镜局部） 东汉 江苏扬州 铜镜　　　　熊 新莽 铜镜

熊 新莽 铜镜　　　　熊 东汉 铜镜

熊 东汉 铜镜　　　　熊 东汉 铜镜

熊（环带禽兽纹镜局部） 新莽 铜镜　　　　　　熊（环带四神纹镜局部） 新莽 铜镜

神龟 新莽 铜镜

羊 新莽 铜镜

异兽（瑞兽画像镜局部） 东汉　江苏扬州　铜镜

异兽（龙虎画像镜局部） 东汉　北京故宫博物院藏　铜镜

异兽　西汉　铜镜

异兽　西汉　铜镜

异兽（环带四神纹镜局部）　新莽　铜镜

翼牛（环带四神纹镜局部）　新莽　铜镜

猪（环带四神纹镜局部）　新莽　铜镜

玉兔　新莽　铜镜

肖形印

虎 朱雀

肖形印

玄武 建筑 车马

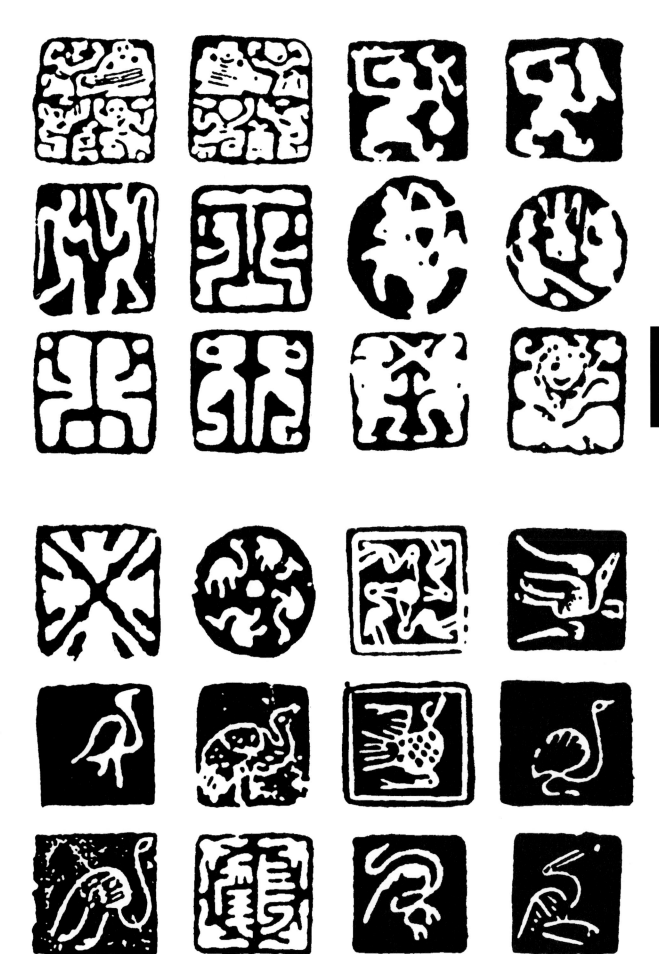

肖形印

人事　禽鸟

藻饰图样及纹样

装饰组合

鸟与常青树　西汉　河南永城柿园梁共王墓　石

玉璧　西汉　河南永城柿园梁共王墓　石

建筑与常青树　西汉　河南永城柿园梁共王墓　石

墓室组合　东汉　陕西绥德　石

藻饰图样及纹样

装饰组合

墓室组合　东汉　陕西绥德　石

藻饰图样及纹样

装饰组合

墓室组合　东汉　陕西绥德　石　　　　　墓室组合　东汉　陕西绥德　石

墓室组合　东汉　陕西绥德　石

墓室组合　东汉　陕西绥德　石

墓室组合　东汉　陕西绥德　石

墓室组合　东汉　陕西榆林　石

墓室组合　东汉　陕西米脂　石

墓室组合　东汉　陕西米脂　石

墓室组合　东汉　陕西榆林　石

墓室组合　东汉　陕西米脂　石

墓室组合　东汉　陕西榆林　石

墓室组合　东汉　陕西绥德　石

墓室组合　东汉　陕西绥德　石

墓室组合　东汉　陕西绥德　石

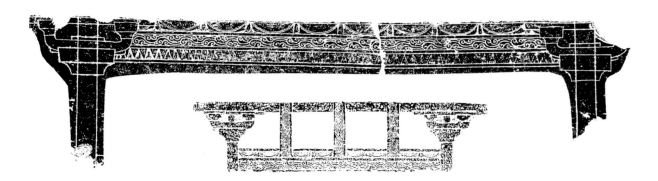

墓室组合　东汉　山东诸城　石

纹饰组合　东汉　陕西绥德　石

藻饰图样及纹样　装饰组合

纹饰组合　东汉　陕西绥德　石

纹饰组合　东汉　陕西绥德　石

纹饰组合　东汉　陕西绥德　石

藻饰图样及纹样

装饰组合

纹饰组合　东汉
陕西绥德　石

纹饰组合　东汉　河南南阳　石

纹饰组合　东汉　陕西绥德　石

纹饰组合　东汉　河南郑州　石

纹饰组合　东汉　河南密县　石　　　　　　　　　　纹饰组合　东汉　河南密县　石

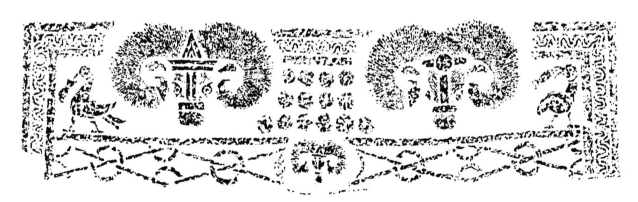

纹饰组合　东汉　山东招远　石

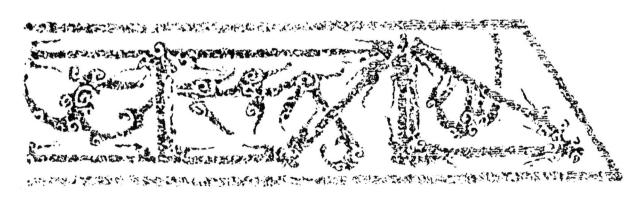

纹饰组合　东汉　山东安丘　石

藻饰图样及纹样

装饰组合

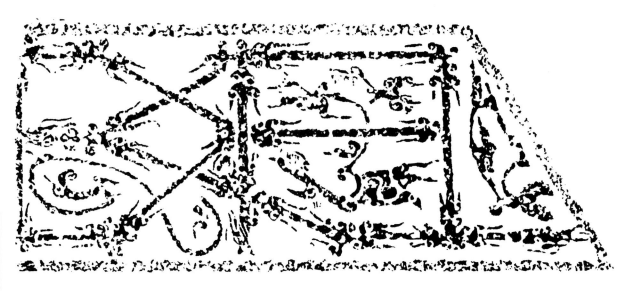

纹饰组合　东汉　山东安丘　石

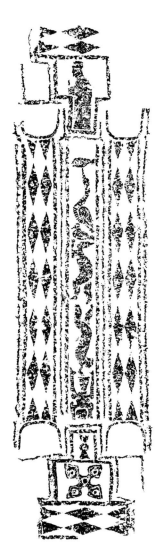

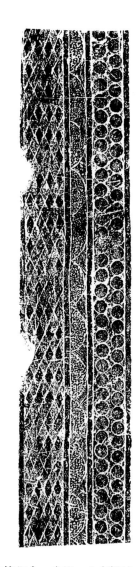

纹饰组合　东汉　山东新泰　石　　　　纹饰组合　东汉　山东邹城　石　　　　纹饰组合　东汉　山东招远　石

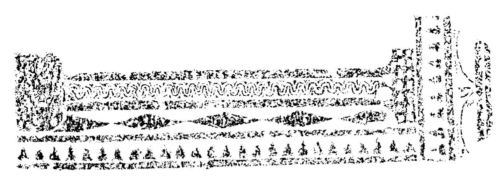

纹饰组合　东汉　山东招远　石

纹饰组合　东汉　山东嘉祥　石

纹饰组合　东汉　山东嘉祥　石

纹饰组合　东汉　山东嘉祥　石

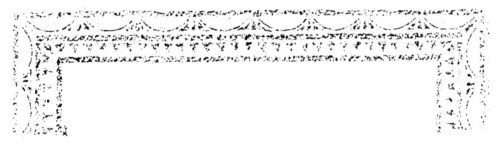

纹饰组合　东汉　山东招远　石

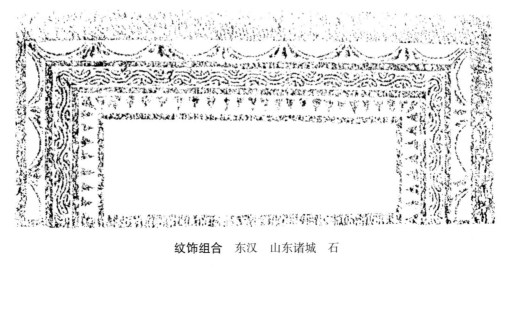

纹饰组合　东汉　山东诸城　石

藻饰图样及纹样

装饰组合

藻饰图样及纹样 装饰组合

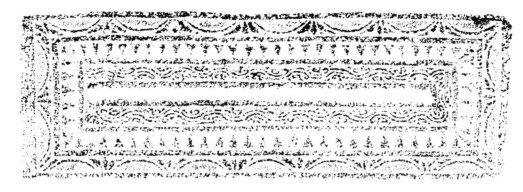

纹饰组合　东汉　山东诸城　石

纹饰组合　东汉　江苏徐州　石

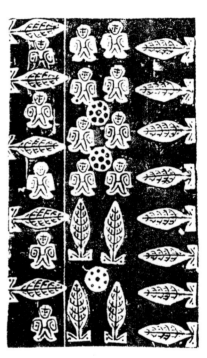

纹饰组合　东汉　河南郑州　砖

纹饰组合　东汉　山东嘉祥　石

纹饰组合　东汉　河南郑州　砖

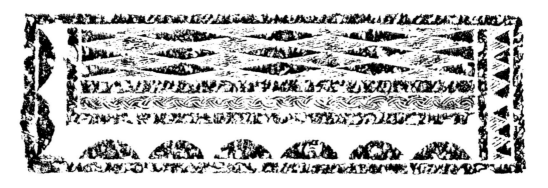

纹饰组合　东汉　江苏徐州　石

纹饰组合　东汉　陕西绥德　石

山岭（胡汉交战图局部） 东汉 山东沂南北寨东汉墓 石

山岭（采莲图局部） 东汉 四川德阳 砖

山石 东汉 河南新野 砖

山石 东汉 河南方城 砖

山石 东汉 河南郑州 砖

山石 东汉 河南新野 砖

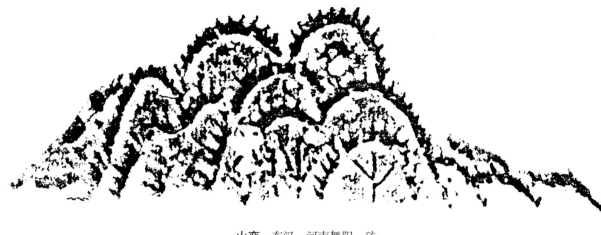

山峦　东汉　河南舞阳　砖

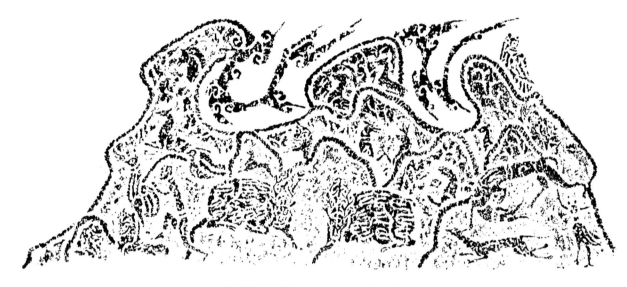

山峦（狩猎图局部）　东汉　山东安丘董家庄　石

山峦　山林狩猎　东汉　河南郑州　砖

山峦　东汉　河南南阳　石

山峦　东汉　河南郑州　砖

山峦　东汉　河南南阳　石

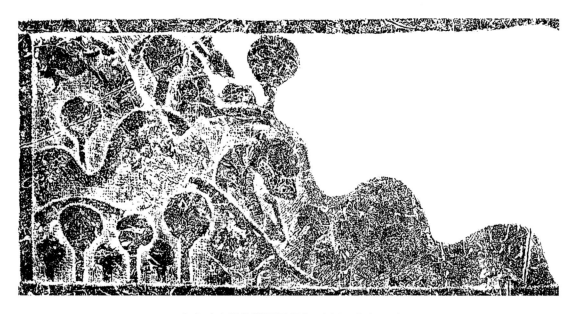

山峦（山林狩猎图局部） 东汉 山东 石

山峦 东汉 山东 石

山峦 东汉 河南淅川 砖

山峦 东汉 河南新野 砖

山峦 东汉 河南淅川 砖

藻饰图样及纹样 山石云气

藻饰图样及纹样

山石云气

山峦（煮盐图局部） 东汉 四川成都 砖

山峦（煮盐图局部） 东汉 四川成都 砖

山峦（煮盐图局部） 东汉 四川成都 砖

山峦　东汉　河南南阳　石

藻饰图样及纹样　山石云气

山峦（局部）东汉　石

云气　东汉　河南新野　砖

云气　东汉　陕西绥德　石

云气　东汉　山西离石　石

山石云气　东汉　河南新野　砖

云气　东汉　陕西绥德　石

云气　东汉　陕西绥德　石

藻饰图样及纹样

山石云气

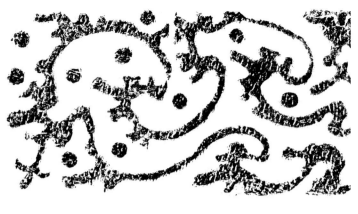

云气（星象） 东汉 河南南阳 石

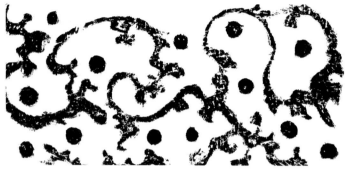

云气（星象） 东汉 河南南阳 石

云气（星象） 东汉 河南南阳 石

云气（星象） 东汉 河南南阳 石

榜题 柱铢 东汉 四川简阳鬼头山三号石棺 石 　　　**榜题 嘉禾** 东汉 甘肃成县西狭颂 石

榜题 甘露降 承露人 东汉 甘肃成县西狭颂 石 　　　**榜题 木连理** 东汉 甘肃成县西狭颂 石

藻饰图样及纹样

树木花草

榜题 神木 木连理 东汉 四川梓潼 砖

荷塘 东汉 四川大邑 砖

连理树 东汉 四川德阳 砖

人形神树 东汉 山东邹城 石

连理树 东汉 四川德阳 砖

林树 东汉 四川成都 砖

柳树 东汉 四川德阳 砖

柳树 东汉 安徽萧县 石

柳树　东汉　河南新野　砖

春树　东汉　陕西绥德　石

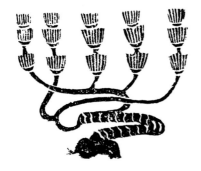

春树　东汉　陕西绥德　石

春树　东汉　陕西绥德　石

柳树　东汉　四川大邑　石

藻饰图样及纹样

树木花草

春树　东汉　河南新野　砖

春树　东汉　河南南阳　石

藻饰图样及纹样

树木花草

春树　东汉　陕西绥德　石

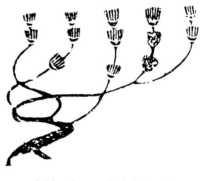

春树　东汉　陕西子洲　石

春树　东汉　陕西绥德　石

春树　东汉　陕西绥德　石

春树　东汉　陕西绥德　石

春树　东汉　陕西绥德　石

春树　东汉　河南唐河　砖

春树　东汉　山东临沂　石

藻饰图样及纹样

树木花草

春树　东汉　河南南阳　石

春树　东汉　河南新野　砖

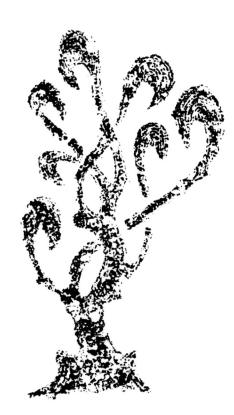

春树　东汉　河南新野　砖

春树　东汉　江苏徐州　石

藻饰图样及纹样

树木花草

春树　东汉　江苏徐州　石

春树　东汉　江苏徐州　石

春树　东汉　陕西榆林　石

春树　东汉　山东安丘　石

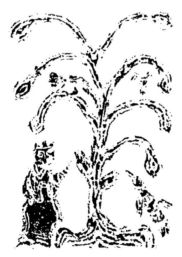

春树　东汉　江苏徐州　石

春树　东汉　江苏徐州　石

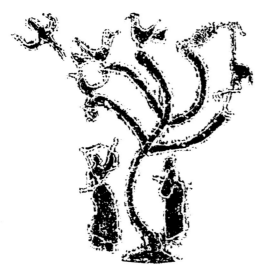

春树　东汉　江苏徐州　石

春树　东汉　江苏徐州　石

春树　东汉　江苏徐州　石

春树　东汉　江苏徐州　石

春树　东汉　四川成都　砖

春树　东汉　四川成都　砖

春树　东汉　四川成都　砖

春树　东汉　山东曲阜　石

春树　东汉　四川成都　砖

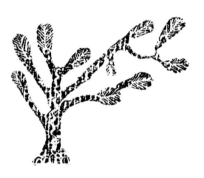

春树　东汉　江苏徐州　石

春树　东汉　四川大邑　砖

春树　东汉　陕西绥德　石

夏树　东汉　陕西绥德　石

夏树　东汉　山东滕州　石

夏树　东汉　江苏徐州　石

夏树　东汉　河南洛阳　砖

夏树　东汉　河南郑州　砖

夏树　东汉　四川彭县　砖

夏树　东汉　四川大邑　砖

夏树　东汉　江苏徐州　石

夏树　东汉　江苏徐州　石

藻饰图样及纹样

树木花草

夏树　东汉　江苏徐州　石

夏树　东汉　江苏徐州　石

夏树　东汉　江苏徐州　石

夏树　东汉　江苏徐州　石

夏树　东汉　山东沂南北寨　石

夏树　东汉　四川长宁　石

夏树　东汉　四川彭山　石

夏树　东汉　四川新津　石

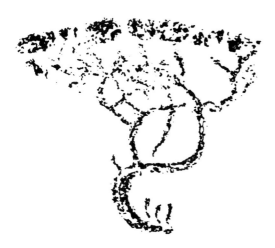

夏树　东汉　四川德阳　砖

夏树　东汉　四川德阳　砖

藻饰图样及纹样

树木花草

秋冬树　东汉　河南郑州　砖

秋冬树　东汉　河南郑州　砖

秋冬树　东汉　河南密县　石

秋冬树　东汉　河南镇平　砖

秋冬树　东汉　河南新野　砖

秋冬树　东汉　四川新都　砖

秋冬树　东汉　四川新都　砖

秋冬树　东汉　四川新都　砖

秋冬树　东汉　四川绵阳　砖

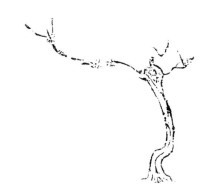

秋冬树　东汉　四川成都　砖

秋冬树　东汉　四川新都　砖

大树（董永侍父图局部）　东汉　山东临沂　石

藻饰图样及纹样

树木花草

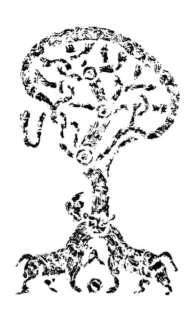

大树　东汉　山东邹城　石

大树　东汉　山东嘉祥　石

大树　东汉　山东嘉祥　石

大树　东汉　山东嘉祥　石

大树　东汉　山东微山　石

大树　东汉　山东微山　石

大树　东汉　山东安丘　石

大树　东汉　山东微山　石

大树　东汉　山东曲阜　石

藻饰图样及纹样

树木花草

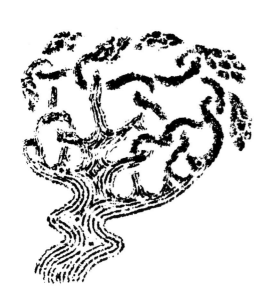

大树　东汉　山东　石

大树　东汉　山东微山　石

藻饰图样及纹样

树木花草

大树 东汉 山东微山 石

大树 东汉 山东微山 石

大树 东汉 山东微山 石

大树 东汉 江苏徐州 石

大树 东汉 江苏徐州 石

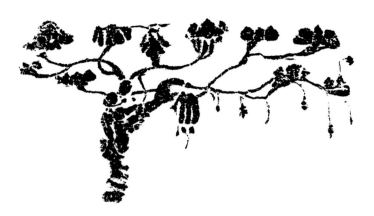

大树 东汉 四川新都 砖

大树 东汉 江苏徐州 石

大树 东汉 山东滕州 石

大树 西汉 河南洛阳 砖

大树 西汉 河南洛阳 砖

藻饰图样及纹样

树木花草

大树　东汉　江苏徐州　石

大树　东汉　山东邹城　石

大树　东汉　四川成都　砖

大树　东汉　四川德阳　砖

藻饰图样及纹样

树木花草

大树　东汉　山东邹城　石

嘉禾　东汉　陕西绥德　石

嘉禾　东汉　陕西绥德　石

嘉禾　东汉　陕西榆林　石

嘉禾　东汉　陕西绥德　石

嘉禾　东汉　陕西绥德　石

灵芝　东汉　四川新津　石

芝草　东汉　江苏睢宁　石

芝草　东汉　江苏睢宁　石

芝草　东汉　河南密县　石　　　　　　芝草　东汉　河南密县　石

仙卉　东汉　四川绵阳　砖　　　芝草　东汉　四川成都　石

仙卉　东汉　江苏徐州　石　　　芝草　东汉　四川成都　砖　　　芝草　东汉　四川彭县　砖

藻饰图样及纹样

树木花草

芝草　东汉　四川成都　石

芦苇　东汉　陕西绥德　石

芦苇　东汉　陕西绥德　石

案　方案（上有酒樽）　东汉　江苏徐州铜山洪楼　石

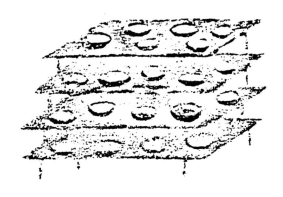

案　方案　叠案　东汉　四川彭县　砖

案　方案　叠案　东汉　四川成都　砖

案　方案两张（上有鱼和兔）　东汉　山东沂南北寨　石

案　方案　东汉　四川成都　砖

案　方案　东汉　四川成都　砖

案　方案　东汉　四川郫县　砖

案　圆案（上有小颈容器）　东汉　山东沂南北寨　石

案　方案两张（上有耳杯）　东汉　山东沂南北寨　石

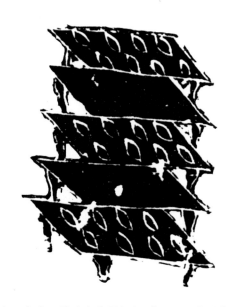

案　方案五张（上有耳杯）　东汉　山东沂南北寨　石

步障　东汉　山东沂南北寨　石

案 圆案（上有鱼与盘） 东汉 山东沂南北寨 石

鼎 东汉 四川彭山 石

鼎 东汉 河南新野 砖

鼎 东汉 四川成都 石

耳杯（羽觞） 东汉 江苏徐州 石

藻饰图样及纹样

日用器皿

短把帚与圆箕 东汉 山东沂南北寨 石

鼎 东汉 山东沂南北寨 石

方箧 东汉 山东沂南北寨 石

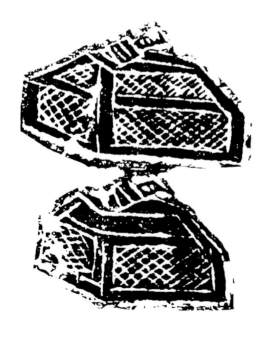

方箧 东汉 山东沂南北寨 石

拂尘 东汉 山东沂南北寨 石

方盒与圆盒 东汉 山东沂南北寨 石

缸 水缸 东汉 江苏徐州 石

缸 酿造大缸 东汉 四川成都 石

藻饰图样及纹样

日用器皿

缸　水缸　东汉　山东沂南北寨　石

壶　东汉　山东沂南北寨　石

壶　东汉　河南南阳　石

壶　东汉　河南南阳　石

壶　东汉　河南新野　砖

壶　东汉　山东沂南北寨　石

壶　东汉　山东沂南北寨　石

壶　东汉　山东沂南北寨　石

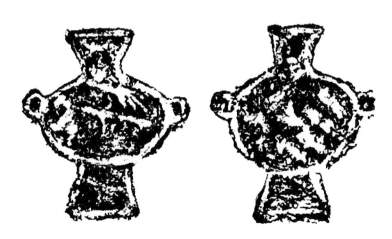

壶　东汉　江苏徐州　石

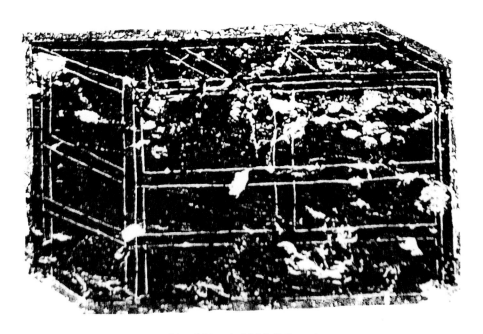

柜　东汉　山东沂南北寨　石

斛　东汉　山东沂南北寨　石

斛　东汉　山东沂南北寨　石

虎子　东汉　山东沂南北寨　石

几　东汉　四川广汉　砖

几　东汉　四川成都　砖

几　东汉　四川广汉　砖

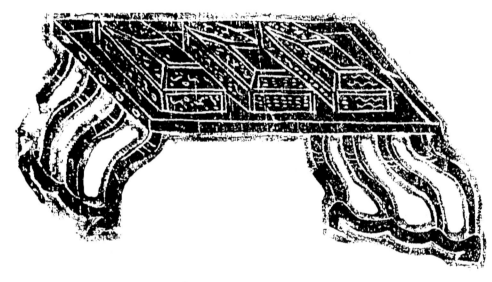

几（上有方形盒）　东汉　山东沂南北寨　石

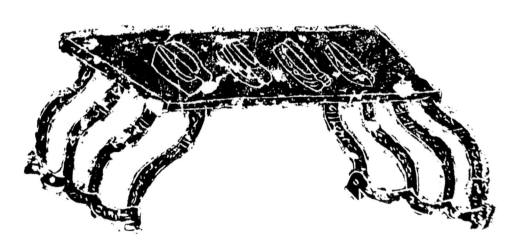

几（上有四双鞋）　东汉　山东沂南北寨　石

几（上有镟、斛、耳杯与小盘）　东汉　山东沂南北寨　石

几　东汉　山东沂南北寨　石

几　东汉　四川成都　砖

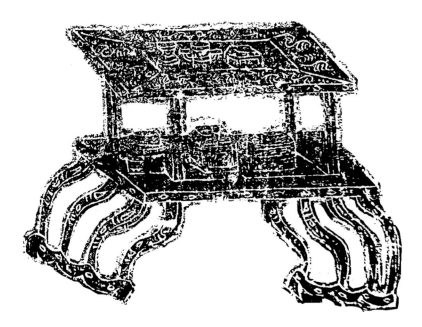

几与案　东汉　山东沂南北寨　石

架　搁物架　东汉　江苏徐州　石

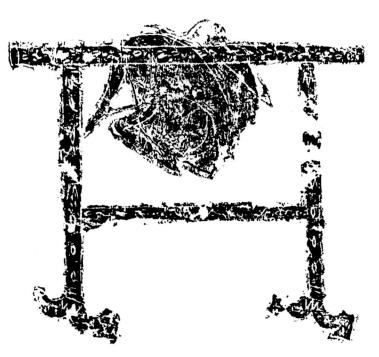

架　衣架　东汉　山东沂南北寨　石

酒樽　羊樽　大案　□□　东汉　四川成都　砖

酒樽　东汉　四川大邑　石

酒樽　东汉　河南新野　砖

酒樽　东汉　河南新野　砖

酒樽及酒勺　东汉　河南南阳　石

酒樽及酒勺　东汉　河南南阳　石

酒樽（斗鸡图局部）　东汉　河南南阳　石

酒樽及酒勺　东汉　河南南阳　石

酒樽及酒勺　东汉　河南新野　砖

酒樽及酒勺　东汉　河南　砖

酒樽及酒勺　东汉　江苏徐州　石

酒樽及酒勺　东汉　四川成都　砖

酒樽及酒勺　东汉　四川　砖

酒樽及酒勺　东汉　四川彭县　砖

酒樽及酒勺　东汉　四川彭县　砖

酒樽及酒勺　东汉　四川成都　砖

酒樽及酒勺　东汉　四川大邑　砖

藻饰图样及纹样

日用器皿

伞盖、酒樽及承盘（斗鸡图局部） 东汉 河南南阳 石

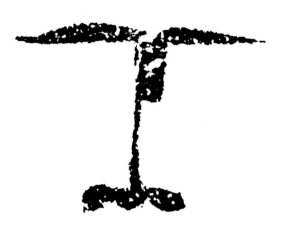

伞盖（斗鸡图局部） 东汉 河南南阳 石

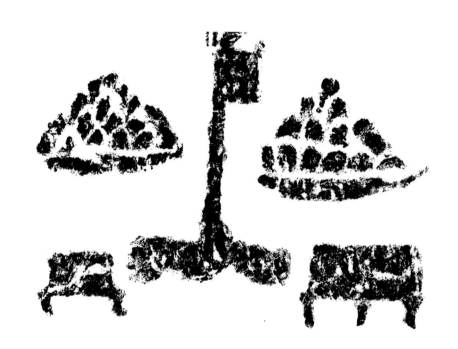

酒樽与承盘（斗鸡图局部） 东汉 河南南阳 石

盘（斗鸡图局部） 东汉 河南南阳 石

盘　高足圆柱状长柄大盘　东汉　山东沂南北寨　石

食具　东汉　山东金乡朱鲔祠　石

奁　东汉　山东沂南北寨　石

奁　东汉　山东沂南北寨　石

奁　东汉　山东沂南北寨　石

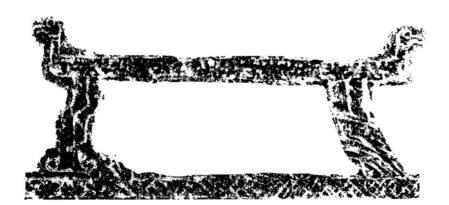

凭几　东汉　山东邹城　石

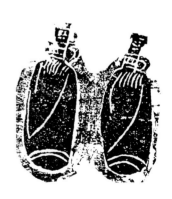

粮袋　东汉　山东沂南北寨　石

藻饰图样及纹样

日用器皿

瓶　东汉　河南郑州　砖

瓶　东汉　河南　砖

台　灯台　东汉　河南　石

台　灯台　东汉　山东沂南北寨　石

台　灯台　东汉　山东沂南北寨　石

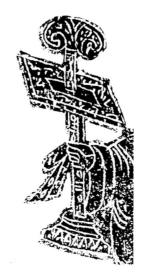

台　镜台　东汉　山东沂南北寨　石

箱 东汉 山东沂南北寨 石

小颈带提梁圆形器 东汉 山东沂南北寨 石

小颈圆形器 东汉 山东沂南北寨 石

鞋 东汉 河南新野 砖

鞋四双 东汉 山东沂南北寨 石

藻饰图样及纹样

日用器皿

熏炉 东汉 陕西绥德 石

熏炉 东汉 陕西绥德 石

熏炉 东汉 陕西绥德 石

熏炉 东汉 陕西绥德 石

熏炉 东汉 陕西绥德 石

熏炉 东汉 陕西绥德 石

弋射人与艭 东汉 四川什邡 砖

弋射人与艭 东汉 四川大邑 砖

藻饰图样及纹样

日用器皿

罩子　东汉　山东沂南北寨　石

坐榻　东汉　江苏徐州铜山洪楼　石

坐榻　东汉　江苏徐州　石

藻饰图样及纹样

装饰纹样

砖石藻饰纹样

梅花纹　西汉　河南洛阳　砖

莲荷纹　西汉　河南洛阳　砖

藻饰图样及纹样

装饰纹样

砖石藻饰纹样

梅花纹　西汉　河南洛阳　砖

莲荷纹　东汉　山东嘉祥　石

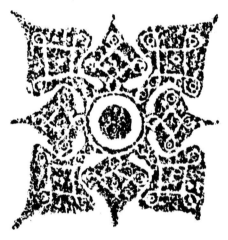

莲荷纹　东汉　山东安丘　石

莲荷纹　东汉　安徽褚兰　石

莲荷纹　东汉　山东沂南　石

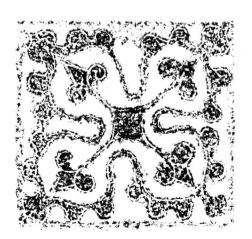

柿蒂纹　东汉　山东兰陵　石

莲荷纹　东汉　安徽宿州　石

莲鱼纹　东汉　江苏邳州占城镇　石

莲鱼纹　东汉　安徽褚兰　石

柿蒂纹　东汉　陕西绥德　石

藻饰图样及纹样

装饰纹样

砖石藻饰纹样

柿蒂纹　东汉　四川泸州　砖

藻饰图样及纹样

装饰纹样

砖石藻饰纹样

柿蒂纹 东汉 四川成都 砖

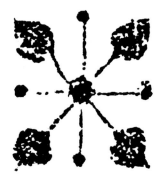

柿蒂纹 东汉 河南淅川 砖

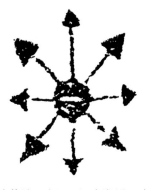

柿蒂纹 东汉 河南淅川 砖

柿蒂纹 东汉 四川长宁 石

柿蒂纹 东汉 山东肥城 石

柿蒂纹 东汉
河南郑州 砖

柿蒂纹 东汉
河南郑州 砖

柿蒂纹 东汉
河南郑州 砖

柿蒂纹 东汉
河南郑州 砖

柿蒂纹 东汉
河南郑州 砖

柿蒂纹 东汉
河南禹州 砖

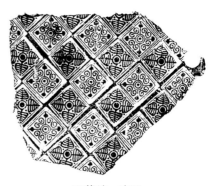

柿蒂纹　东汉
河南郑州　砖

柿蒂纹　东汉
河南郑州　砖

四蒂纹　东汉
河南周口　砖

常青树纹　东汉　河南登封启母阙　石

常青树纹　东汉　河南郑州　砖

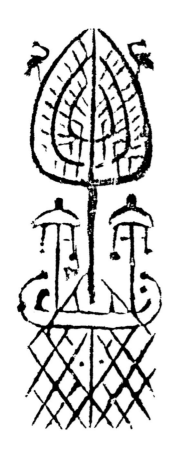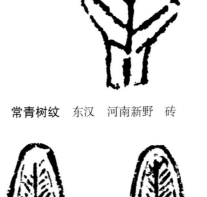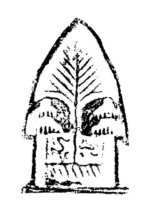

常青树纹　东汉　河南新野　砖

常青树纹　东汉　河南郑州　砖

常青树纹　东汉　河南郑州　砖

常青树纹　东汉　河南郑州　砖

常青树纹　东汉　河南郑州　砖

藻饰图样及纹样　装饰纹样　砖石藻饰纹样

  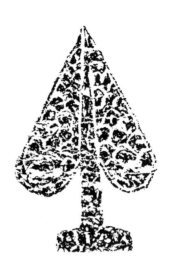

常青树纹 东汉 河南郑州 砖　　　**常青树纹** 东汉 江苏徐州 石　　　**常青树纹** 东汉 河南登封启母阙 石

垂幛纹 东汉 山东招远 石

垂幛纹 东汉 山东沂南 石

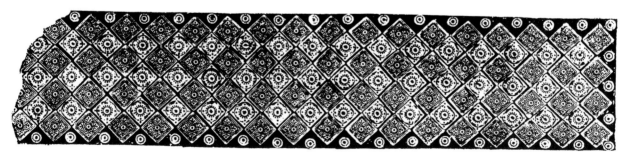

连续纹样 西汉 陕西兴平茂陵 砖

连续纹样　东汉　河南郑州　砖

连续纹样　东汉　河南郑州　砖

连续纹样　东汉　河南郑州　砖

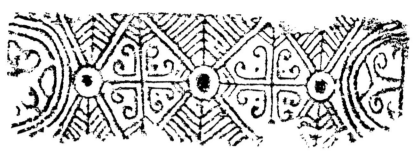

连续纹样　东汉　四川南充　砖

藻饰图样及纹样

装饰纹样

砖石藻饰纹样

连续纹样　东汉　河南镇平　砖

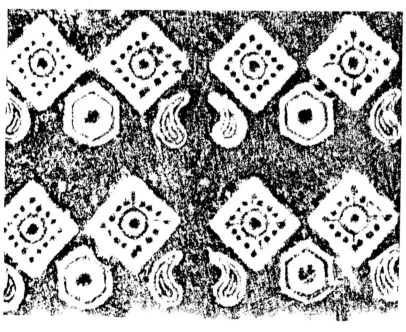

连续纹样　东汉　河南郑州　砖

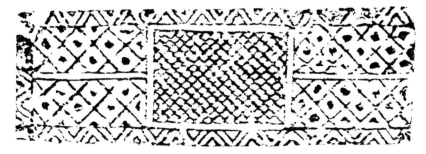

连续纹样　东汉　四川三台　砖

连续纹样　东汉　河南郑州　砖

连续纹样　东汉　河南郑州　砖

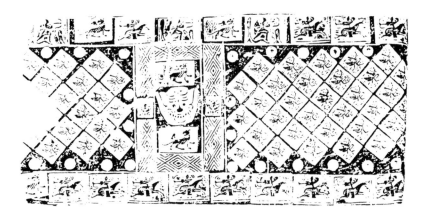

连续纹样　东汉　河南郑州　砖

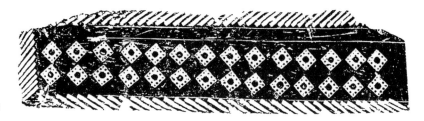

连续纹样　东汉　河南淅川　砖

建筑藻饰

藻饰图样及纹样

装饰纹样

砖石藻饰纹样

381

藻饰图样及纹样

装饰纹样

砖石藻饰纹样

连续纹样　东汉　河南郑州　砖

连续纹样　东汉　河南郑州　砖

连续纹样　东汉　河南郑州　砖

连续纹样　东汉　河南郑州　砖

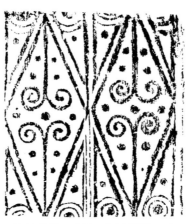

连续纹样　东汉　河南郑州　砖

连续纹样　东汉　河南郑州　砖

连续纹样　东汉　河南郑州　砖

连续纹样　东汉　河南郑州　砖

连续纹样　东汉　河南郑州　砖

连续纹样　东汉　河南郑州　砖　　　连续纹样　东汉　河南郑州　砖　　　连续纹样　东汉　河南郑州　砖

连续纹样　东汉　河南郑州　砖　　　连续纹样　东汉　河南郑州　砖　　　连续纹样　东汉　河南郑州　砖

连续纹样　东汉　河南郑州　砖　　　　　　　连续纹样　东汉　河南郑州　砖

连续纹样　东汉　四川渠县　砖

藻饰图样及纹样

装饰纹样

砖石藻饰纹样

连续纹样　东汉　四川三台　砖

藻饰图样及纹样

装饰纹样

砖石藻饰纹样

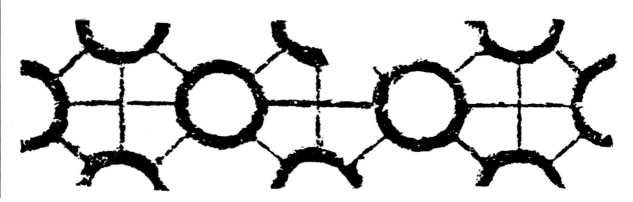

连续纹样　东汉　四川三台　砖

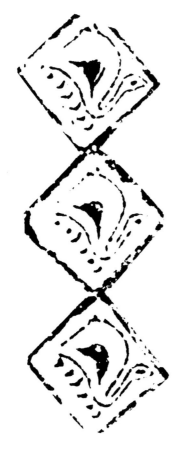

连续纹样　东汉　河南社旗　砖

连续纹样　东汉　河南唐河　砖

连续纹样　S形纹　东汉　陕西绥德　石

连续纹样　波形纹　东汉　江苏徐州苗山　石

连续纹样　齿形纹　东汉　山东沂南　石

连续纹样　雷纹　东汉　河南洛阳　砖

连续纹样　连弧纹　东汉　江苏徐州茅村　石

连续纹样　山形纹　东汉　陕西绥德　石

连续纹样　绳纹　东汉　山东嘉祥武氏祠　石

连续纹样　直线纹　东汉　河南洛阳烧沟　砖

连续纹样　东汉　山东微山　石　　　　　　菱形回纹　东汉　河南郑州　砖

菱形回纹　东汉　河南唐河　砖

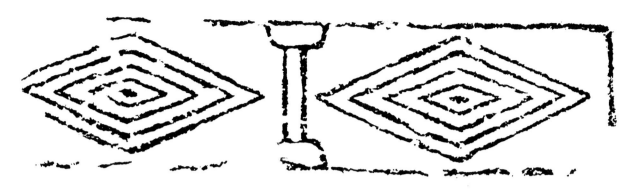

菱形回纹　东汉　河南新野　砖

菱形回纹　东汉　河南唐河　砖

菱形回纹　东汉　河南淅川　砖

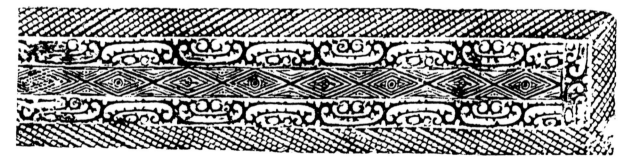

菱形回纹　东汉　河南禹州　砖

菱形纹　东汉　江苏徐州茅村　石

龙纹　东汉　河南禹州　砖

蟠螭纹　东汉　山东沂南　石

蟠螭纹　东汉　山东沂南　石

蟠螭纹　东汉　山东沂南　石

蟠螭纹　东汉　山东沂南　石

蟠螭纹　东汉　四川成都　砖

蟠螭纹　东汉　陕西绥德　石

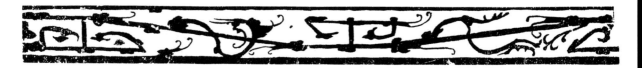

蟠螭纹　东汉　陕西绥德　石

蟠螭纹　东汉　陕西绥德　石

蟠螭纹　东汉　陕西绥德　石

蟠螭纹　东汉　陕西绥德　石

蟠螭纹　东汉　陕西绥德　石

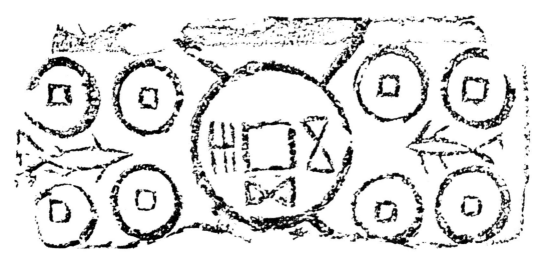

钱币纹　东汉　四川梓潼　砖

钱币纹　东汉　四川梓潼　砖

钱币纹　东汉　四川成都　砖

钱币纹　东汉　四川芦山　砖

钱币纹　东汉　四川芦山　砖

人纹　东汉　山东沂水　石

瓦当垂幛纹　东汉　四川乐山　石

兽面纹　东汉　四川渠县　砖

星纹　东汉　山东曲阜　石　　　　　人纹　东汉　河南郑州　砖

星纹　东汉　四川芦山　砖

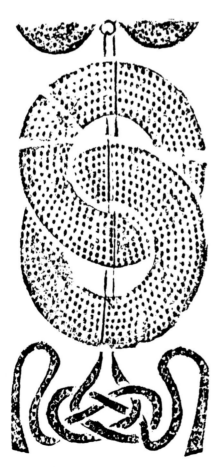
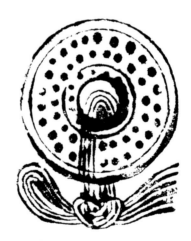

玉璧纹　东汉　河南郑州　砖

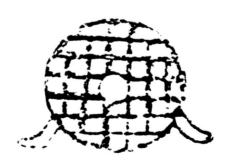

玉璧纹　东汉　河南新野　砖　　　玉璧纹　东汉　四川绵阳　砖

玉璧纹　东汉　河南新野　砖

玉璧纹　东汉　江苏徐州　石

玉璧纹　东汉　江苏徐州　石

玉璧纹　东汉　河南唐河　砖

藻饰图样及纹样

装饰纹样

砖石藻饰纹样

玉璧纹　东汉　河南唐河　砖

玉璧纹　东汉　河南郑州　砖

玉璧纹　东汉　陕西绥德　石

玉璧纹　东汉　陕西绥德　石

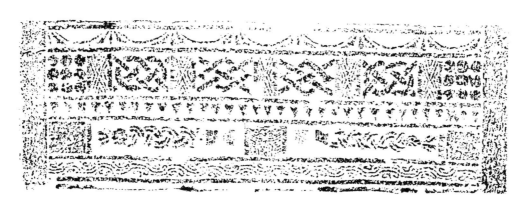

玉璧纹　东汉　山东诸城　石

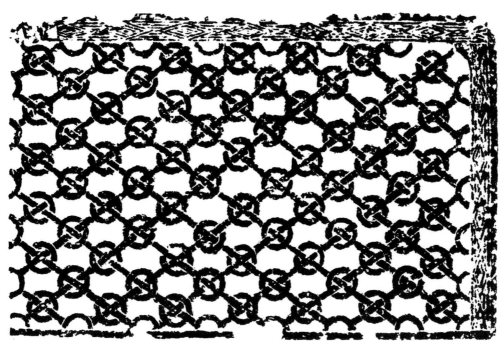

玉璧纹　东汉　江苏徐州　石

玉璧纹　东汉　四川梓潼　砖

玉璧纹　东汉　四川渠县　砖

云气禽兽纹　东汉　陕西榆林　石

藻饰图样及纹样

装饰纹样

砖石藻饰纹样

云气禽兽纹
东汉　陕西绥德
石

云气禽兽纹
东汉　陕西绥德
石

云气禽兽纹
东汉　陕西绥德
石

云气禽兽纹
东汉　陕西绥德
石

云气禽兽纹
东汉　陕西绥德
石

云气禽兽纹
东汉　陕西榆林
石

藻饰图样及纹样

装饰纹样

砖石藻饰纹样

云气神异纹　东汉　陕西绥德　石　　　　　云气神异纹　东汉　陕西绥德　石

云气纹　东汉　江苏徐州贾汪　石

云气禽兽纹　东汉　陕西绥德　石

云气禽兽纹　东汉　山东平阴　石

云气仙人禽兽纹　东汉　山东　石

云气仙人禽兽纹　东汉　山东嘉祥　石

云气仙人禽兽纹　东汉　山东嘉祥　石

云气仙人禽兽纹　东汉　山东　石

云气仙人禽兽纹　东汉　山东嘉祥　石

云气仙人禽兽纹　东汉　陕西绥德　石

云气仙人禽兽纹　东汉　陕西绥德　石

云气仙人禽兽纹　东汉　陕西绥德　石

云气禽兽纹　东汉　陕西绥德　石

云气禽兽纹　东汉　陕西绥德　石

云气禽兽纹　东汉　陕西绥德　石

云气仙人禽兽纹　东汉　陕西绥德　石

云气禽兽纹　东汉　陕西榆林　石

云气仙人禽兽纹　东汉　陕西绥德　石

云气仙人禽兽纹　东汉　陕西绥德　石

藻饰图样及纹样

装饰纹样

砖石藻饰纹样

云气禽兽纹　东汉　陕西绥德　石

云气禽兽纹　东汉　陕西绥德　石

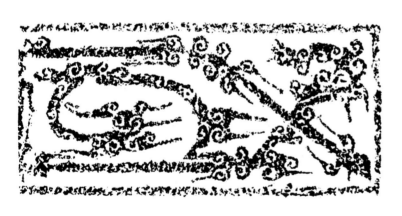

云气纹　东汉　山东安丘　石

云气仙人禽兽纹　东汉　陕西米脂　石

云气仙人禽兽纹　东汉　陕西绥德　石

云气禽兽纹　东汉　陕西榆林　石

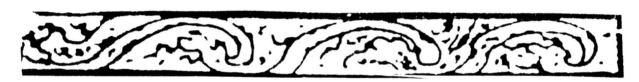

云气纹　东汉　陕西绥德　石

云气纹　东汉　陕西绥德　石

云气纹　东汉　陕西绥德　石

云气纹　东汉　山东安丘　石

云气纹　东汉　山东邹城　石

云气纹　东汉　山东邹城　石

云气纹　东汉　陕西绥德　石

云气纹　东汉　陕西绥德　石

云气纹　东汉　陕西绥德　石

云气纹　东汉　江苏徐州贾汪　石

植物禽兽纹　东汉　陕西绥德　石

植物禽兽纹　东汉　陕西绥德　石

植物禽兽纹　东汉　陕西绥德　石

藻饰图样及纹样

装饰纹样

砖石藻饰纹样

植物纹　西汉
湖南长沙马王堆　绣图样

植物纹　西汉
湖南长沙马王堆　绣图样

植物纹　西汉
湖南长沙马王堆　绣图样

植物纹　西汉　湖南长沙马王堆　绣图样

植物纹　西汉　湖南长沙马王堆　绣图样

植物纹　西汉　湖南长沙马王堆　绣图样

植物纹　东汉　陕西神木　石

植物仙人纹
东汉　陕西绥德　石

植物禽兽纹　东汉　陕西绥德　石

植物纹　东汉　陕西清涧　石

植物纹　东汉　陕西绥德　石

植物纹　东汉　陕西绥德　石

植物纹　东汉　陕西绥德　石

植物纹　东汉　陕西绥德　石

藻饰图样及纹样

装饰纹样

砖石藻饰纹样

植物纹　东汉　陕西绥德　石

植物纹　东汉　陕西榆林　石

植物纹　东汉　陕西绥德　石

植物纹　东汉　陕西绥德　石

植物纹　东汉　陕西绥德　石

植物纹　东汉　陕西绥德　石

植物纹　东汉　陕西米脂　石　　　　植物纹　东汉　陕西绥德　石　　　　植物纹　东汉　陕西绥德　石

藻饰图样及纹样

装饰纹样

砖石藻饰纹样

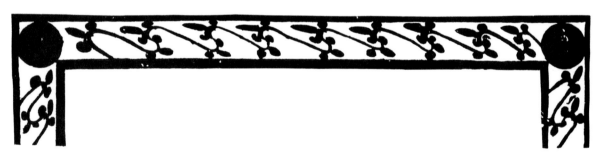

植物纹　东汉　陕西绥德　石

植物纹　东汉　陕西绥德　石

植物禽兽纹　东汉　陕西绥德　石

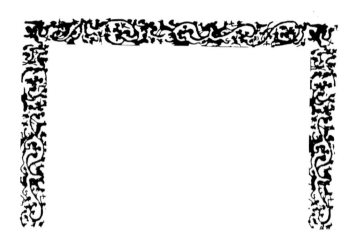

植物禽兽纹　东汉　陕西绥德　石

植物禽兽纹　东汉　陕西绥德　石

植物纹　东汉　陕西绥德　石

植物纹　东汉　陕西绥德　石

白虎蟾蜍纹　新莽　规矩四神纹镜　铜

白虎麒麟纹　新莽　规矩四神纹镜　铜

白虎麒麟纹　新莽　规矩四神纹镜　铜

白虎瑞兽纹　新莽　规矩禽兽纹镜　铜

白虎纹　新莽　规矩四神纹镜　铜

白虎朱雀纹　新莽　规矩禽兽纹镜　铜

动物纹　新莽　规矩禽兽纹镜　铜

动物纹　新莽　规矩禽兽纹镜　铜

凤鸟瑞兽纹　新莽　规矩禽兽纹镜　铜

藻饰图样及纹样

装饰纹样

铜镜藻饰纹样

白虎纹　新莽　禽兽纹镜　铜　　　　　　　白虎纹　新莽　环带仙人禽兽纹镜　铜

凤鸟瑞兽纹　新莽　始建国天凤二年(15)铭规矩禽兽纹镜　铜　　　凤鸟纹　西汉　鸟纹镜　铜

凤鸟纹（与仙人、灵芝组合）　西汉　凤鸟纹镜　铜　　　凤鸟纹（与鱼、灵芝组合）　西汉　凤鸟纹镜　铜

凤鸟纹　西汉　凤纹镜　铜　　　　　　凤鸟与神异纹　新莽　环带禽兽纹镜　铜

鸟纹　西汉　四乳鸟纹镜　铜　　　　　　鸟纹　西汉　四乳鸟纹镜　铜

虎纹　新莽　环带四神纹镜　铜

虎纹　新莽　环带四神纹镜　铜

熊虎纹　新莽　环带禽兽纹镜　铜

龙虎蟾蜍纹　新莽　环带四神纹镜　铜

九尾狐纹　新莽　环带仙人禽兽纹镜　铜

龙纹　新莽　环带仙人禽兽纹镜　铜

龙纹　西汉　铜镜

龙纹　西汉　铜镜

龙兽纹　西汉　山字龙纹镜　铜

龙兽纹　西汉　山字兽纹镜　铜

藻饰图样及纹样

装饰纹样

铜镜藻饰纹样

蟠螭纹　西汉　蟠螭纹镜　铜

青龙蟾蜍纹　新莽　规矩四神纹镜　铜

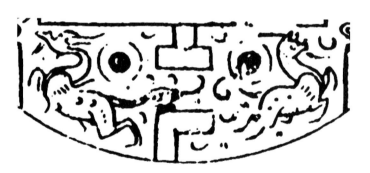

青龙麒麟纹　新莽　规矩四神纹镜　铜

青龙纹　新莽　规矩四神纹镜　铜

青龙纹　新莽　环带四神纹镜　铜

青龙纹　新莽　禽兽纹镜　铜

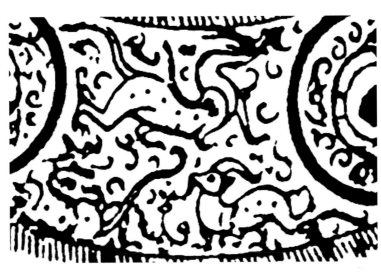

青龙神羊纹　新莽　环带四神纹镜　铜

青龙玄武纹　新莽　规矩四神纹镜　铜

青龙朱雀纹　新莽　规矩四神纹镜　铜

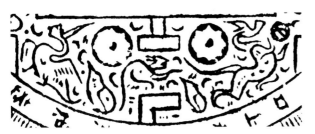

青龙朱雀仙人纹　新莽　规矩四神纹镜　铜

瑞兽纹　新莽　规矩禽兽纹镜　铜

藻饰图样及纹样

装饰纹样

铜镜藻饰纹样

藻饰图样及纹样

装饰纹样

铜镜藻饰纹样

瑞兽纹　新莽　环带仙人禽兽纹镜　铜

瑞兽纹　新莽　环带仙人禽兽纹镜　铜

三足神禽纹　新莽　环带仙人禽兽纹镜　铜

三足乌纹　新莽　环带仙人禽兽纹镜　铜

神猴纹　新莽　禽兽纹镜　铜

神禽纹　新莽　禽兽纹镜　铜

神鹿纹　新莽　环带仙人禽兽纹镜　铜

神禽纹　新莽　环带仙人禽兽纹镜　铜

双瑞兽纹　新莽　环带禽兽纹镜　铜

西王母玉兔纹　新莽
始建国天凤二年（15）铭规矩禽兽纹镜　铜

仙人吉羊纹　新莽　环带四神纹镜　铜

仙人纹　新莽　环带四神纹镜　铜

仙人御龟纹　新莽　环带仙人禽兽纹镜　铜

仙人戏兽纹　新莽　规矩四神纹镜　铜

仙人骑鹿凤鸟蟾蜍纹　新莽　规矩四神纹镜　铜

仙人戏兽纹　新莽　始建国天凤二年（15）铭规矩禽兽纹镜　铜

藻饰图样及纹样

装饰纹样

铜镜藻饰纹样

417

进饲仙人纹　新莽　环带四神纹镜　铜

羽人纹　新莽　环带仙人禽兽纹镜　铜

羽人戏龙纹　新莽　环带禽兽纹镜　铜

羽人御兽纹　新莽　始建国天凤二年（15）铭规矩禽兽纹镜　铜

羽人饲凤纹　新莽　规矩四神纹镜　铜

羽人饲龙纹　新莽　规矩四神纹镜　铜

玄武纹　新莽　环带仙人禽兽纹镜　铜

玄武纹　新莽　环带四神纹镜　铜

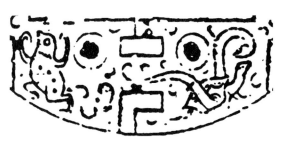

玄武蟾蜍纹　新莽　规矩四神纹镜　铜

熊纹　新莽　环带四神纹镜　铜

朱雀神异纹　新莽　环带四神纹镜　铜

翼牛纹　新莽　环带四神纹镜　铜

朱雀纹　新莽　环带四神纹镜　铜

朱雀灵芝纹　新莽　规矩四神纹镜　铜

朱雀仙人骑鹿纹　新莽　规矩四神纹镜　铜

朱雀羽人纹　新莽　规矩四神纹镜　铜

猪纹　新莽　环带四神纹镜　铜

藻饰图样及纹样

装饰纹样

铜镜藻饰纹样

本卷参考文献

［1］刘敦桢. 中国古代建筑史［M］. 2版. 北京：中国建筑工业出版社，1984.

［2］孙机. 汉代物质文化资料图说［M］. 北京：文物出版社，1991.

［3］萧默. 中国建筑艺术史［M］. 北京：文物出版社，1999.

［4］顾森. 中国美术史：秦汉卷［M］. 济南：齐鲁书社；济南：明天出版社，2000.

［5］杨力民. 中国古代瓦当艺术［M］. 上海：上海人民美术出版社，1986.

［6］陕西省考古研究所秦汉研究室. 新编秦汉瓦当图录［M］. 西安：三秦出版社，1986.

［7］赵力光. 中国古代瓦当图典［M］. 北京：文物出版社，1998.

［8］王世昌. 陕西古代砖瓦图典［M］. 西安：三秦出版社，2004.

［9］任虎成，张国柱. 秦汉瓦当拓片精品集［A］. 西安：西安秦砖汉瓦博物馆等，2015.

［10］周世荣. 中国铜镜图案集［M］. 上海：上海书店，1995.

［11］李缙云. 古镜鉴赏［M］. 桂林：漓江出版社，1995.

［12］何林. 你应该知道的200件铜镜［M］. 北京：紫禁城出版社，2007.

［13］孔祥星，刘一曼，鹏宇. 中国铜镜图典［M］. 修订本. 上海：上海古籍出版社，2020.

［14］温廷宽. 中国肖形印大全［M］. 太原：山西古籍出版社，1995.

一至六卷参考文献

［1］傅惜华. 汉代画像全集：初编［M］. 巴黎大学北京汉学研究所，1951.

［2］傅惜华. 汉代画像全集：二编［M］. 巴黎大学北京汉学研究所，1951.

［3］常任侠. 汉画艺术研究［M］. 上海：上海出版公司，1955.

［4］常任侠. 中国美术全集：绘画编18：画像砖画像石［M］. 上海：上海人民美术出版社，1988.

［5］孙机. 汉代物质文化资料图说［M］. 北京：文物出版社，1991.

［6］高文，高成刚. 中国画像石棺艺术［M］. 太原：山西人民出版社，1996.

［7］顾森. 中国美术史：秦汉卷［M］. 济南：齐鲁书社；济南：明天出版社，2000.

［8］顾森. 中国汉画像拓片精品集［M］. 西安：西北大学出版社，2007.

［9］萧亢达. 汉代乐舞百戏艺术研究［M］. 修订版. 北京：文物出版社，2010.

［10］《中国画像砖全集》编辑委员会. 中国美术分类全集：中国画像砖全集［M］. 成都：四川美术
　　　出版社，2006.

［11］《中国画像石全集》编辑委员会. 中国美术分类全集：中国画像石全集［M］. 济南：山东美术
　　　出版社；郑州：河南美术出版社，2000.

［12］曾昭燏，蒋宝庚，黎忠义. 沂南古画像石墓发掘报告［M］. 北京：文化部文物管理局，1956.

［13］蒋英炬，吴文祺，关天相. 山东汉画像石选集［M］. 济南：齐鲁书社，1982.

［14］朱锡禄. 武氏祠汉画像石［M］. 济南：山东美术出版社，1986.

［15］刘兴珍，岳凤霞. 中国汉代画像石：山东武氏祠［M］. 英文版. 北京：外文出版社，1991.

［16］胡新立. 邹城汉画像石［M］. 北京：文物出版社，2008.

［17］滕州市政协文史资料委员会. 滕州汉代祠堂画像石［M］. 北京：中国文史出版社，2007.

［18］闻宥. 四川汉代画象选集［M］. 上海：群联出版社，1955.

［19］四川省博物馆. 四川汉代画像砖拓片［M］. 上海：上海人民美术出版社，1961.

［20］高文. 四川汉代画像石［M］. 成都：巴蜀书社，1987.

［21］高文. 四川汉代画像砖［M］. 上海：上海人民美术出版社，1987.

［22］龚廷万，龚玉，戴嘉陵. 巴蜀汉代画像集［M］. 北京：文物出版社，1998.

［23］高文. 中国巴蜀新发现汉代画像砖［M］. 成都：四川美术出版社，2016.

［24］《南阳汉代画像石》编辑委员会. 南阳汉代画像石［M］. 北京：文物出版社，1985.

［25］周到，吕品，汤文兴. 河南汉代画像砖［M］. 上海：上海人民美术出版社，1985.

［26］吕品. 中岳汉三阙［M］. 北京：文物出版社，1990.

［27］王建中，闪修山. 南阳两汉画像石［M］. 北京：文物出版社，1990.

［28］赵成甫. 南阳汉代画像砖［M］. 北京：文物出版社，1990.

［29］韩玉祥，曹新洲. 南阳汉画像石精萃［M］. 郑州：河南美术出版社，2005.

［30］黄雅峰，陈长山. 南阳麒麟岗汉画像石墓［M］. 西安：三秦出版社，2008.

［31］陕西省博物馆，陕西省文管会. 陕北东汉画像石刻选集［M］. 北京：文物出版社，1959.

［32］李林，康兰英，赵力光. 陕北汉代画像石［M］. 西安：陕西人民出版社，1995.

［33］李贵龙，王建勤. 绥德汉代画像石［M］. 西安：陕西人民美术出版社，2000.

［34］江苏省文物管理委员会. 江苏徐州汉画像石［M］. 北京：科学出版社，1959.

［35］徐州市博物馆. 徐州画像石［M］. 南京：江苏美术出版社，1985.

［36］武利华. 徐州汉画像石［M］. 北京：线装书局，2001.

一至六卷参考文献